高等学校应用型规划教材

建筑结构平面表示法识读与实训

段丽萍　主　编

申　钢　张叶红　副主编

郝　俊　主　审

U0264662

化学工业出版社

·北京·

本书详细阐述了"平法"表达钢筋混凝土梁、板、柱、剪力墙、简单基础、楼梯的制图规则及构造要求。通过对比"正投影表示法"结构施工图（平面、立面、剖面表示法）与"平法"绘制的结构施工图，来讲解"平法"所表达的内容及应用"平法"的注意事项。

本书语言简练、通俗易懂、实用性强，注重对"平法"制图规则的阐述，并且通过典型工程事例解读"平法"，以帮助读者正确理解并应用"平法"。每章后还配有实训题。

本书紧跟最新平面表示法系列图集 11G101-x 的步伐，同时考虑 03G101-x 到 11G101-x 过渡时期及部分设计院的习惯做法，仍保留原 03G101-x 的部分内容。

本书可与《建筑工程施工图实例解读》（第二版）（段丽萍主编）一书配套使用。

本书可作为应用型本科学校和高职高专院校土建学科及相关专业的实训教材，也可供在职职工岗位培训及工程技术人员参考使用。

图书在版编目（CIP）数据

建筑结构平面表示法识读与实训/段丽萍主编. —北京：化学工业出版社，2012.6（2019.1 重印）
高等学校应用型规划教材
ISBN 978-7-122-14265-8

Ⅰ. 建… Ⅱ. 段… Ⅲ. 建筑结构-结构设计-平面设计-高等学校-教材 Ⅳ. TU318

中国版本图书馆 CIP 数据核字（2012）第 095361 号

责任编辑：李仙华　王文峡　　　　　　　　　装帧设计：史利平
责任校对：顾淑云

出版发行：化学工业出版社（北京市东城区青年湖南街 13 号　邮政编码 100011）
印　　装：三河市延风印装有限公司
787mm×1092mm　1/16　印张 9　字数 210 千字　2019 年 1 月北京第 1 版第 4 次印刷

购书咨询：010-64518888　　　　　　　　售后服务：010-64518899
网　　址：http://www.cip.com.cn
凡购买本书，如有缺损质量问题，本社销售中心负责调换。

定　　价：20.00 元

前 言

根据专业人才培养规格与培养目标，结合职业岗位能力需求，要求毕业生应具有将工程施工图纸转化为建筑实体的能力，同时能根据施工图进行工程量计算，并能正确编制工程量清单确定工程造价。针对目前建筑结构施工图表达普遍采用"平法"的现状，在教学实训中相应增加了这部分内容。在教学中发现学生识读"平法"绘制的结构施工图有一定困难，为此我们组织了生产一线的设计、施工技术人员和教师共同编写了《建筑结构平面表示法解读与实训》一书，旨在训练学习者正确理解、识读建筑工程施工图。

本书详细阐述"平法"表达梁、板、柱、剪力墙、简单基础、楼梯的制图规则，构造要求及施工注意事项。通过对比传统"正投影表示法"绘制结构施工图（平面、立面、剖面表示法）与"平法"绘制的结构施工图，来讲解"平法"所表达的内容、注意事项及读图方法。本书紧跟最新平面表示法系列图集 11G101-x 的步伐，同时考虑 03G101-x 到 11G101-x 过渡时期及部分设计院的习惯做法，仍保留原 03G101-x 的部分内容。

本书作为实训教材，在每章前均有学习目标、能力目标的学习提示，每章之后配有实训题。语言简练、通俗易懂，不仅注重对"平法"制图规则的阐述，而且强调读者对于工程实践相关知识的理解，配有大量附图，使"平法"表达形象化、简单化。本书实用性强，是在校学生、工程技术人员学习建筑结构施工图平面整体表示方法的好帮手。

本书由段丽萍主编，申钢、张叶红任副主编。其中绪论、第二章由段丽萍编写，第一章由申钢编写，第三章由崔峥、张园编写，第四、五章由张叶红、于建民编写，第六章由富顺编写，全书由郝俊教授主审。

限于编者的经验和水平，书中难免有不妥之处，敬请指正。

编　者
2012 年 2 月

目录

绪 论

混凝土结构施工图平面整体表示方法（简称平法），由原山东大学陈青来教授发明编创，并于 1995 年 7 月通过了建设部科技成果鉴定。被国家科委列为"九五"国家级科技成果重点推广计划，被建设部列为一九九六年科技成果重点推广项目。之后由中国建筑标准设计研究所等单位编制了《混凝土结构施工图平面整体表示方法制图规则和构造详图》系列图集（国家建筑标准设计图集），并从 2003 年开始广泛应用于结构设计、工程施工等各个领域。

平法的表达形式，就是把结构构件的尺寸和配筋等，按照平面整体表示方法制图规则，整体直接地表达在各类构件的结构平面布置图上，再与标准构造详图相配合，形成一套完整、简洁的结构施工图。由于其简洁、明了的表达方式，给设计人员带来的是绘图工作量的减少，给施工、监理、造价计算的使用同样带来了方便。

一、混凝土结构施工图平面整体表示法产生的背景

一直以来，我国建筑结构设计与发达国家相比存在一定差距，国内传统设计方法效率较低且质量难以控制，发达国家建筑结构设计的突出特点是设计效率高，设计周期短，在建筑方案确定后施工图的出图速度快。设计效率高的原因一是计算机辅助设计程度高，二是结构设计图纸通常不包括节点构造和构件本身的构造内容。如：日本的结构图纸没有节点构造详图，节点构造详图由建筑公司（施工单位）进行二次设计，设计效率高、质量得以保证；美国的结构设计只给出配筋面积，具体配筋方式由建筑公司设计。而我国的情况是一直到 20 世纪 90 年代后期方才在全国范围内普遍应用计算机，开始计算机辅助设计工作，之前的四十多年则一直采用传统设计方法。

所谓传统设计方法是广大工程技术人员对平法之前所采用的各种设计表达方式的习惯称谓。

传统设计法的基本表达方式，即是普通高等院校土木工程专业工程制图教科书中的表示方法，也就是广大工程技术人员熟悉的"正投影表示法"。

传统设计法的优点是通过对表达对象平面、立面、剖面的详细绘制，直观地反映构件的形状、尺寸及构件轮廓内部钢筋的数量、位置，使图纸使用者比较容易地对构件的构成、内部钢筋的布置方式、连接方式、锚固方式等直接产生感性认识。

传统设计法的优点和缺点是显而易见的。

1. 传统设计方法导致设计文件存在大量重复性工作，造成设计人员劳动强度大，工作效率低

传统设计法进行结构施工图的绘制主要分为两部分内容。第一部分内容是绘制结构各层平面布置图，该图反映所有构件的平面位置、编号、索引构件详图所在图号等。第二部分内容是逐个具体绘制结构平面图上各构件的配筋详图（又称"大样图"）。这部分详图的绘制方法烦琐，绘图过程中存在大量重复性劳动。

2. 传统设计文件在生产一线使用不方便

随着我国经济的快速发展，我国各地区建设规模的扩大，建筑体量亦在迅速扩大。施工

过程中一个施工段中即会出现大量的结构构件。而施工遵循的基本原则仍是"照图施工"，在生产过程中施工技术人员必须携带大量图纸深入一线进行生产质量控制。出现的问题是施工技术人员需要反复翻看图纸，工作量大、效率低，图纸损坏亦很快。

3. 过于直观的传统设计法为非专业人员从事建筑施工提供了方便

由于传统设计图纸的表达方法源于面向学习者的教学示范，正投影透视图直观而且详尽，初学者容易看懂。客观上为没有经过结构专业训练的自以为能"看懂"图纸的人员提供了方便。这些人员由于不具备指导施工的理论基础，带来的问题是，未经过结构专业训练的人员能"看懂"的仅仅是构件内部的钢筋形状，却并不了解混凝土与钢筋各自的工作性能及其工作原理，不懂得在施工阶段为保证混凝土与钢筋共同工作所必须遵守的许多技术规定及其内涵，没有发现问题和解决问题的能力，只知道"照图施工"，从而有可能给建筑结构的施工质量埋下严重安全隐患。

4. 传统设计方法限制了建筑工程技术专业学习者的结构设计实践

在学习者的专业实训环节中。当采用传统结构设计方法进行时，由于表达烦琐、图纸量大，需要耗费大量的时间绘图，而教学计划中安排的时间有限，因而难以完成一项整体训练，不利于学习者通过实践训练将所学知识系统化。使得学习者工作后在短期内不能独立承担工作，从而会影响到学习者就业。

综合以上情况，建筑工程结构施工图急需改变上述状况。为此，陈青来教授承担起了对传统设计方法进行改革的课题，创新了混凝土结构施工图平面整体表示法。如今平法已成为建筑工程结构施工图普遍采用的方法。而传统的"单构件正投影表示法"则主要在课堂上对初学者发挥教学功能。

二、混凝土结构施工图平面整体表示法的表达形式

平法包括结构设计规则和标准构造详图两大部分内容，以《国家建筑设计标准》图集的方式向全国出版发行，结构工程师选用后，即成为正式设计文件的其中一部分。平法的表达形式，是把结构构件的尺寸和配筋等，按照平面整体表示方法制图规则，整体直接表达在各类构件的结构平面布置图上，再与标准构造详图相配合，从而构成一套新型完整的结构设计图。

建筑结构施工图采用平法表达方式时，各部分结构施工图与标准图集的对应关系如下。

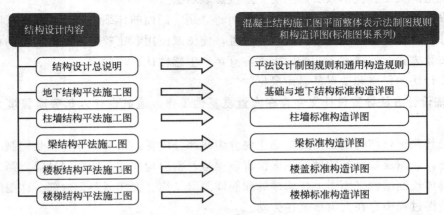

平面施工图的表达方式，主要有平面注写方式、列表注写方式、截面注写方式三种。各地区各设计院习惯不同，采用方式各异。平面注写方式在原位表达，信息量高度集中，易校

审、易修改、易读图；列表注写方式的信息量大且集中，但校审、修改、读图欠直观；截面注写方式表达直观，但图纸量较大，截面注写方式适用于表达构件形状复杂或为异形构件的情况。通常平面注写方式为主要表达方式，列表注写方式和截面注写方式为辅助表达方式。

平法的各种表达方式，有同一性的注写顺序，依次为：

① 构件编号及整体特征；

② 截面尺寸；

③ 截面配筋；

④ 必要的说明。

三、混凝土结构施工图平面整体表示法的现状

国家建筑标准设计院已经出版发行了 3 本（替代原 6 本）平法图集，它们分别是：

11G101-1《混凝土结构施工图平面整体表示方法制图规则和构造详图（现浇混凝土框架、剪力墙、梁、板)》替代 03G101-1《混凝土结构施工图平面整体表示方法制图规则和构造详图（混凝土框架、剪力墙、框架 剪力墙、框支剪力墙结构)》、04G101-4《混凝土结构施工图平面整体表示方法制图规则和构造详图（现浇混凝土楼面与屋面板)》。

11G101-2《混凝土结构施工图平面整体表示方法制图规则和构造详图（现浇混凝土板式楼梯)》替代 03G101-2《混凝土结构施工图平面整体表示方法制图规则和构造详图（现浇混凝土板式楼梯)》

11G101-3《混凝土结构施工图平面整体表示方法制图规则和构造详图（独立基础、条形基础、筏形基础及桩基承台)》替代 04G101-3《混凝土结构施工图平面整体表示方法制图规则和构造详图（筏形基础)》、08G101-5《混凝土结构施工图平面整体表示方法制图规则和构造详图（箱形基础和地下室结构)》、06G101-6《混凝土结构施工图平面整体表示方法制图规则和构造详图（独立基础、条形基础、桩基承台)》

11G101-x 系列图集适用于非抗震和抗震设防烈度为 6～9 度的地区。

四、学习混凝土结构施工图平面整体表示法需注意的问题

本书主要讲解建筑结构施工图平面整体表示方法，此法是一种简化表达方式，一套平法表达的建筑结构施工图中，内含大量的结构知识，包括结构体系、结构形式，结构的关键控制部位，构件与构件之间的相互关系，各构件的重要程度等。在具有了这些理论知识的基础上，才能很好地理解平法的内涵，才能正确阅读理解、正确应用平法结构施工图。

识读建筑结构平法施工图的基础仍是结构构件"正投影表示法"。学习者需先从构造与识图开始学起，在对结构构件具体钢筋配置有所了解的基础上，才能学懂、学好平法。要重视建筑制图、建筑构造的学习。除此之外，学习者还需具备一定的建筑结构知识，才能充分理解《混凝土结构施工图平面整体表示法制图规则和构造详图》里面的专业术语及构造规定、要求。

学习者还应有计划、有针对性地到施工现场去参观学习，留心观察已有建筑的结构布置、受力体系、截面尺寸、配筋构造和施工工艺，积累感性知识，增加工程经验，再结合图纸、标准图集耐心学习，就会取得很好的学习效果。

钢筋混凝土梁施工图平面表示法解读

  梁平法施工图是在梁平面布置图上采用平面注写方式或截面注写方式表达。在梁平法施工图中，应注明各结构层的顶面标高及相应的结构层号，对于轴线未居中的梁，应标出其偏心定位尺寸（梁边与柱边平齐时可不注）。

  梁平面布置图的画法与同层结构平面图相同，将与梁相关联的柱、墙、板一起按同一比例画出。

  梁平法施工图表示方法包括：平面注写方式或截面注写方式。下面分别介绍这两种表示方法的制图规则及注写方式。

第一节　平面注写方式

  平面注写方式，是在梁平面布置图上，分别对不同编号的梁各选一根，并在其上注写截面尺寸和配筋等具体数值的方式来表达梁平法施工图。平面注写方式包括集中标注和原位标注（如图 1-1 所示）。

一、集中标注

  集中标注表达梁的通用数值。如梁编号、梁截面尺寸、梁箍筋、梁侧面构造钢筋（或受扭钢筋）、梁上部通长筋（如图 1-2 所示）。

  梁集中标注的内容，前五项为必注值，后一项为选注值。集中标注可以从同一编号的梁中任意一跨引出。下面逐一介绍。

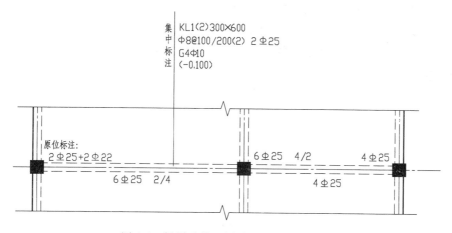

图 1-1　梁平法施工图平面注写方式示意

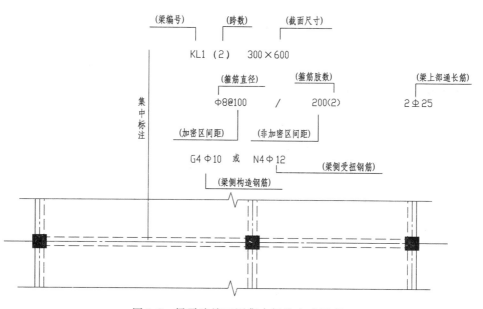

图 1-2　梁平法施工图集中标注方式示意

1. 梁编号（必注值）

梁编号由梁类型代号、序号、跨数及有无悬挑几项组成，并应符合表 1-1 的规定。

表 1-1　梁编号

梁类型	代　号	序　号	跨数及是否带有悬挑
楼层框架梁	KL	××	(××)、(××A)或(××B)
屋面框架梁	WKL	××	(××)、(××A)或(××B)
框支梁	KZL	××	(××)、(××A)或(××B)
非框架梁	L	××	(××)、(××A)或(××B)
悬挑梁	XL	××	
井字梁	JZL	××	(××)、(××A)或(××B)

注：(××A)为一端有悬挑，(××B)为两端有悬挑，悬挑不计入跨数。

例：KL7（5A）表示第 7 号框架梁，5 跨，一端有悬挑；

L5（6B）表示第 5 号非框架梁，6 跨，两端有悬挑；

KL2（2）表示第 2 号框架梁，2 跨，无悬挑。

2. 梁截面尺寸 $b \times h$（必注值）

（1）当梁截面为等截面时，用 $b \times h$ 表示。例如 300×650（如图 1-3 所示）。

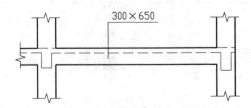

图 1-3　等截面梁截面尺寸注写方式

（2）当梁截面为加腋梁时

① 当梁截面为竖向加腋梁时，用 $b \times h$　$GYc_1 \times c_2$ 表示。例如 300×700　GY500×250 [如图 1-4(a) 所示]。

② 当梁截面为水平加腋梁时，一侧加腋用 $b \times h$　$PYc_1 \times c_2$ 表示。例如 300×700 PY500×250 [如图 1-4(b) 所示]。

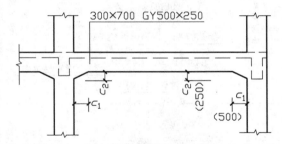

(a) 竖向加腋梁截面尺寸注写方式

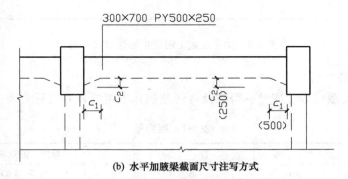

(b) 水平加腋梁截面尺寸注写方式

图 1-4　加腋梁截面尺寸注写方式

（3）当有悬挑梁且根部和端部的高度不同时，用斜线分隔根部与端部的高度值，用 $b \times h_1 / h_2$ 表示。例如 300×700/500（如图 1-5 所示）。

3. 梁箍筋（必注值）

梁箍筋包括级别、直径、加密区与非加密区间距及肢数。

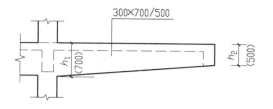

图 1-5 悬挑梁不等高截面尺寸注写方式

（1）加密区与非加密区的不同间距及肢数需用斜线"/"分隔，箍筋肢数写在括号内。如图 1-2 所示。

例如，Φ8@100(4)/150(2)，表示箍筋为 HPB300 钢筋，直径Φ8，加密区间距为 100，四肢箍，非加密区间距为 150，双肢箍。

（2）当梁箍筋为同一种间距及肢数时，则不需用斜线，肢数仅注写一次，写在括号内。

例如，Φ12@100(2)，表示箍筋为 HPB300 钢筋，直径Φ12，间距为 100，双肢箍。

（3）在抗震设计中的非框架梁、悬挑梁、井字梁以及非抗震设计中的各类梁，采用不同的箍筋间距及肢数时，也用斜线"/"将其分隔开来。

例如，18Φ12@150(4)/200(2)，表示箍筋为 HPB300 钢筋，直径Φ12，梁的两端各有 18 个四肢箍，间距 150；梁跨中部分间距为 200，双肢箍。如图 1-6 所示。

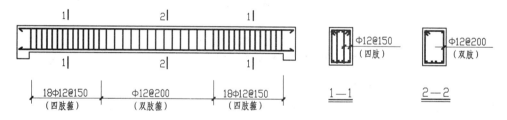

图 1-6 梁采用不同箍筋间距及肢数示意

4. 梁上部通长筋或架立筋（必注值）

通长筋可以为相同或不同直径，连接方式可采用搭接连接、机械连接或焊接连接。通长筋所注规格与根数应根据结构受力要求及箍筋肢数等构造要求而定。

（1）当梁上部同排纵筋中既有通长筋又有架立筋时，应用加号"+"将通长筋和架立筋相连。角部纵筋写在加号前面，架立筋写在加号后面的括号内，以示区别。

例如，2Φ22＋（2Φ12），用于四肢箍，其中 2Φ22 为通长筋，2Φ12 为架立筋。如图 1-7 所示。

（2）当梁上部同排纵筋仅设有通长筋而无架立筋时，仅注写通长筋。

例如，2Φ25，用于双肢箍，其中 2Φ25 为通长筋。如图 1-8 所示。

（3）当梁上部同排纵筋仅为架立筋时，则仅将其写入括号内。

例如，（4Φ12），用于四肢箍。如图 1-9 所示。

（4）当梁的上部通长纵筋和下部纵筋为全跨相同，或者多数跨配筋相同时，此项中也可加注下部纵筋的配筋值，并用分号"；"将上部通长筋与下部纵筋的配筋值分隔开来，少数跨不同时，少数跨按原位标注来标注。

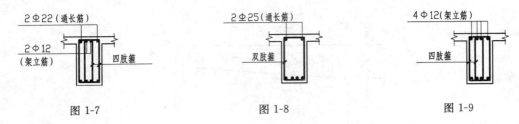

图 1-7　　　　　　　　　　图 1-8　　　　　　　　　　图 1-9

例如，"3Φ22；3Φ20"表示梁的上部通长筋为 3Φ22，梁的下部通长筋为 3Φ20。如图 1-10 所示。

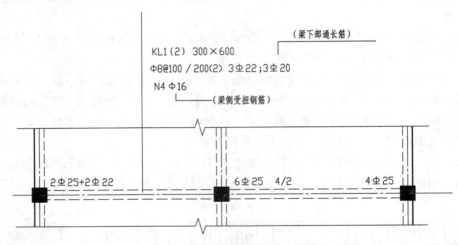

图 1-10　梁下部纵筋各跨相同时注写方式

5. 梁侧面纵向构造钢筋或受扭钢筋（必注值）

（1）当梁腹板高度 $h_w \geqslant 450\text{mm}$ 时，必须配置纵向构造钢筋，所注规格与根数应符合规范要求。此项注写值以大写字母 G 打头，接着注写配置在梁两个侧面的总配筋量，且对称配置（如图 1-2 所示）。

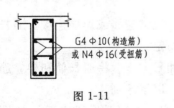

图 1-11

例如，G4Φ10，表示梁的两个侧面共配置 4Φ10 的纵向构造钢筋，每侧各配置 2Φ10。如图 1-11 所示。

（2）当梁侧面需配置受扭纵向钢筋时，此值注写以大写字母 N 打头，接着注写配置在梁两个侧面的总配筋量，且对称配置。受扭纵筋应满足梁侧面纵向构造钢筋的间距要求。梁侧受扭纵筋与纵向构造钢筋不重复配置。如图 1-10 所示。

例如，N4Φ16，表示梁的两个侧面共配置 4Φ16 的受扭纵向钢筋，每侧面各配置 2Φ16。如图 1-11 所示。

【注意】　①当梁侧为构造钢筋时，其搭接与锚固长度可取为 $15d$；②当梁侧为受扭纵向钢筋时，其搭接长度为 l_l 或 l_{lE}（抗震），锚固长度为 l_a 或 l_{aE}（抗震）其锚固方式同框架梁下部纵筋。

6. 梁顶面标高高差（选注值）

梁顶面标高高差，系指相对于结构层楼面标高的高差值。有高差时，须将其写入括号内，无高差时不注。当某梁的顶面高于所在结构层的楼面标高时，其标高高差为正值；当某梁的顶面低于所在结构层的楼面标高时，其标高高差为负值。

例如，某结构层的楼面标高为7.15m，当某梁的梁顶面标高高差注写为（-0.100）时，即表明该梁顶面标高为7.05m。如图1-12所示。

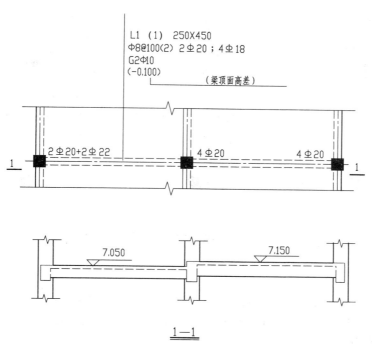

图 1-12　梁顶面标高高差注写示意

二、原位标注

原位标注表达梁的特殊数值。当集中标注中的某项数值不适用于梁的某部位时，则将该项数值原位标注。如梁支座上部纵向受拉钢筋，跨中下部纵向受拉钢筋等。

1. 梁支座上部纵筋（该部位含通长筋在内的所有纵筋）

（1）当上部纵筋多于一排时，用斜线"/"将各排纵筋自上而下分开。

例如，6Φ25 4/2，表示二排纵筋，上一排纵筋为4Φ25，下一排纵筋为2Φ25。如图1-13所示。

（2）当同排纵筋有两种直径时，用加号"+"将两种直径的纵筋相连，注写时将角部纵筋写在前面。

例如，2Φ25＋2Φ22，表示梁上部2Φ25是角部筋，2Φ22在中间。如图1-14所示。

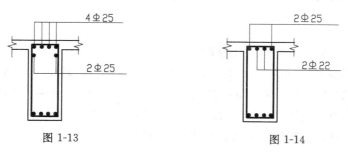

图 1-13　　　　　　　　　　　图 1-14

(3) 当梁中间支座两边的上部纵筋不同时，须在支座两边分别标注。如图 1-15（a）所示。当梁中间支座两边的上部纵筋相同时，可仅在支座的一边标注，另一边省去不注。如图 1-15（b）所示。

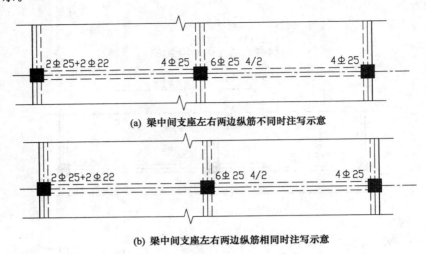

(a) 梁中间支座左右两边纵筋不同时注写示意

(b) 梁中间支座左右两边纵筋相同时注写示意

图 1-15

【注意】 配筋时，对于支座两边不同配筋的上部纵筋，宜尽可能选用相同直径（不同根数），使其贯穿支座，避免支座两边不同直径的上部纵筋均在支座内锚固。

2. 梁下部纵筋

(1) 当下部纵筋多于一排时，用斜线"/"将各排纵筋自上而下分开。

例如，梁下部纵筋注写为 6Φ25 2/4，则表示上一排纵筋为 2Φ25，下一排纵筋为 4Φ25，全部伸入支座。如图 1-16 所示。

(2) 当同排纵筋有两种直径时，用加号"+"将两种直径的纵筋相连，注写时角部纵筋写在前面。

例如，梁下部纵筋注写为 2Φ25＋2Φ22，表示 2Φ25 是角部筋，2Φ22 在中间。如图 1-17 所示。

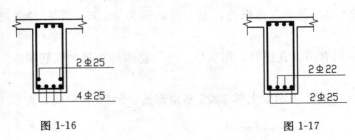

图 1-16   图 1-17

(3) 当梁下部纵筋不全部伸入支座时，可将减少的数量写在括号内。

例如，梁下部纵筋注写为 2Φ25＋3Φ22（-3）/5Φ25，则表示上排纵筋为 2Φ25 和 3Φ22，其中 3Φ22 不伸入支座；下一排纵筋为 5Φ25 全部伸入支座。如图 1-18 所示。

又如，梁下部纵筋注写为 6Φ25 2（-2）/4，则表示上排纵筋为 2Φ25，且不伸入支座，下一排纵筋为 4Φ25，全部伸入支座。如图 1-19 所示。

图 1-18   图 1-19

（4）当梁设置竖向加腋时，加腋部位下部斜纵筋应在支座下部以 Y 打头注写在括号内，如：（Y4Φ25）；当梁设置水平加腋时，水平加腋内上、下部斜纵筋应在加腋支座上部以 Y 打头注写在括号内，上下部斜纵筋之间用"/"分隔，如：（Y2Φ25/2Φ25）。如图 1-20 所示。

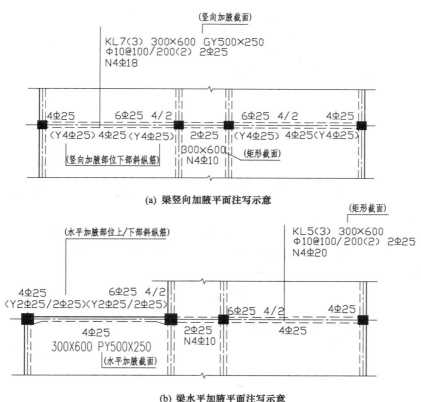

图 1-20 梁加腋平面注写示意

【注意】 当梁的集中标注中已对梁的下部通长筋做了标注，则不需在梁下部重复做原位标注。如图 1-10 所示。

3. 附加箍筋和吊筋

对于平法标注中的附加箍筋和吊筋，将其直接画在平面图中的主梁上，用线引注总配筋值，附加箍筋的肢数注在括号内。如图 1-21 所示。

【注意】 当在同一编号的梁上集中标注的内容（梁截面尺寸、箍筋、上部通长筋或架立筋、梁侧面纵向构造钢筋或受扭纵向钢筋以及梁顶面标高高差中的某一项或某几项数值）不

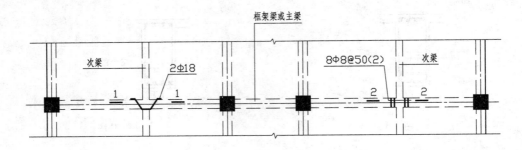

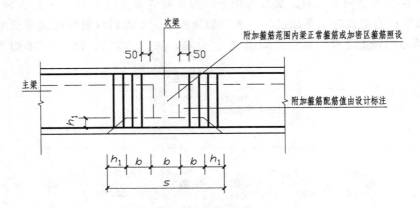

图 1-21　梁附加箍筋和吊筋注写示意

适用某跨或某悬挑部分时，则将其不同数值原位标注在该跨或该悬挑部位。施工时以原位标注数值取用。

　　例如，当在多跨梁的集中标注中已注明加腋，而该梁某跨的根部却不需要加腋时，则应在该跨原位标注等截面的 $b×h$，以修正集中标注中的加腋信息。如图 1-22 所示。中间跨梁为不加腋梁段。

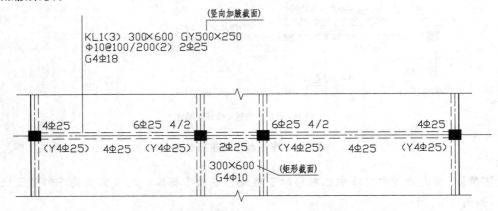

图 1-22　多跨梁截面形式不同时注写示意

三、层间梁平法施工图表示法

　　当两楼层之间设有层间梁时（如结构夹层位置处的梁），应将设置该部分梁的区域划出另行绘制结构图，然后在其上表达梁平法施工图。此时要注意梁顶面标高高差。

第二节　截面注写方式

截面注写方式，系在绘制的梁平面布置图上，分别在不同编号的梁中各选择一根梁用剖面号引出配筋图，并在其上注写截面尺寸和配筋具体数值的方式来表达梁平法施工图。

一、截面注写方式的内容

1. 梁编号及其在平面图中的表示法

对所有梁按平面注写方式中集中标注的规定进行编号，从相同编号的梁中选择一根梁，先将"单边截面号"画在该梁上，再将截面配筋详图画在本图上。当某梁的顶面标高与结构层的楼面标高不同时，高差注写规定与平面注写方式相同。如图1-23所示。

2. 截面配筋详图的内容

在截面配筋详图上要注写截面尺寸 $b \times h$、上部纵筋、下部纵筋、侧面构造钢筋或受扭钢筋和箍筋。如图1-23所示。

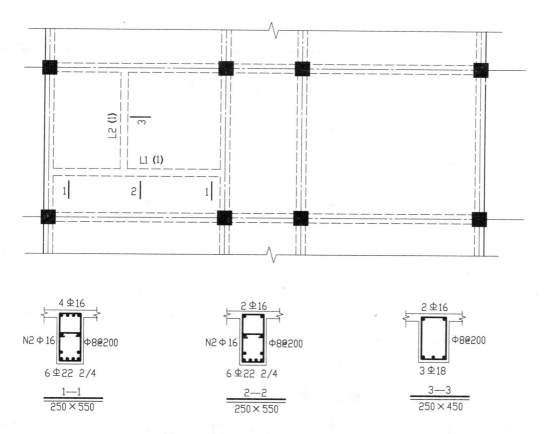

图1-23　梁平法施工图截面注写方式示意

二、截面注写方式的适用范围

截面注写方式既可以单独使用，也可以与平面注写方式结合使用。

在梁平法施工图的平面图中，一般采用平面注写方式来表示。当平面图中局部区域的梁布置过密时，可以采用截面注写方式来表示，或者将过密区用虚线框出，适当放大比例后再对局部用平面注写方式表示。但对表达异形截面梁的尺寸与配筋时，用截面注写方式相对比较方便。

第三节　梁内纵向钢筋的锚固与搭接

一、梁支座上部纵筋伸入跨中的长度规定

（1）框架梁的所有支座和非框架梁（不包括井字梁）的中间支座上部纵筋的延伸长度 a_0 值在标准构造详图中统一取值为：第一排非通长筋及与跨中直径不同的通长筋从柱（梁）边起延伸至 $l_n/3$ 位置；第二排非通长筋延伸至 $l_n/4$ 位置。l_n 的取值：对于端支座，l_n 为本跨的净跨值；对于中间支座，l_n 为支座两边较大一跨的净跨值。如图 1-24 所示。

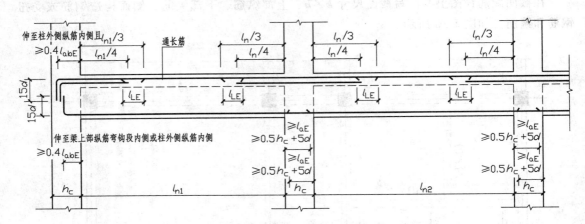

图 1-24　抗震楼层框架梁（KL）纵筋的搭接与锚固
（当梁的上部既有通长筋又有架立筋时，其中架立筋的搭接长度为 150）

（2）悬挑梁（包括其他类型梁的悬挑部分）上部第一排纵筋应有不少于两根角筋，并不少于第一排纵筋的二分之一伸至悬臂梁外端后向下弯 $12d$，其余延伸至梁端头并下弯；第二排延伸至 $3/4l$ 位置。l 为自柱（梁）边算起的悬挑净长。如图 1-25 所示。

【注意】 ①当具体工程需将悬挑梁中的部分上筋从根部开始斜向弯下时，应由设计者另加注明。②当悬挑梁考虑竖向地震作用时（由设计明确），图中悬挑梁中钢筋锚固长度 l_a、l_{ab} 应改为 l_{aE}、l_{abE}，悬挑梁下部钢筋伸入支座长度也应采用 l_{aE}。

二、不伸入支座的梁下部纵筋长度规定

当梁（不包括框支梁）下部纵筋不全部伸入支座时，不伸入支座的梁下部纵筋截断点距支座边的距离在标准构造详图中统一取为 $0.1l_{ni}$（l_{ni} 为本跨梁的净跨值）。如图 1-26 所示。

【注意】 ①此种构造不适用于框支梁；②如果对梁支座截面的计算中需要考虑纵向钢筋的抗压强度时，应注意减去不伸入支座的那一部分钢筋面积。

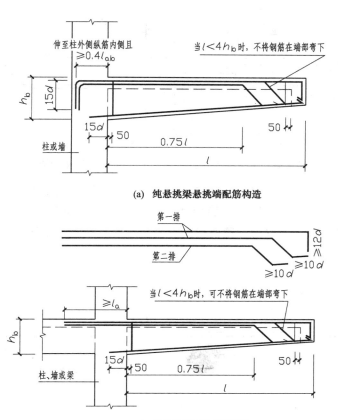

(a) 纯悬挑梁悬挑端配筋构造

(b) 悬挑梁悬挑端配筋构造

图 1-25

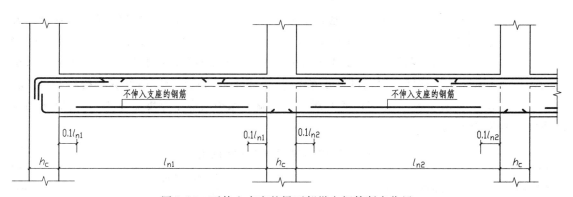

图 1-26 不伸入支座的梁下部纵向钢筋断点位置

三、伸入支座的梁下部纵筋的锚固长度

（1）抗震框架梁的下部纵向钢筋在边支座和中间支座的锚固长度，在标准构造详图中规定为：边支座水平段伸至柱外边 $\geq 0.4l_{abE}$，同时向上弯折 $15d$；中间支座 $\geq l_{aE}$，同时 $\geq 0.5h_c + 5d$（h_c 为柱高）。如图 1-24 所示。

（2）非抗震框架梁的下部纵向钢筋在边支座和中间支座的锚固长度，在标准构造详图中规定为：边支座水平段伸至柱外边 $\geq 0.4l_{ab}$，同时向上弯折 $15d$；中间支座 $\geq l_a$。如图 1-27 所示。

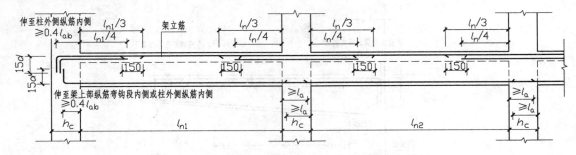

图 1-27　非抗震楼层框架梁（KL）纵筋的搭接与锚固

（3）非框架梁的下部纵向钢筋在边支座和中间支座的锚固长度以及其他构造要求，详见图 1-28。当端支座为柱或剪力墙（平面内连接）时，梁端部应设箍筋加密区，设计应确定加密区长度。设计未确定时取该工程框架梁加密区长度。当梁中纵筋采用光面钢筋时，图中 12d 应改为 15d。

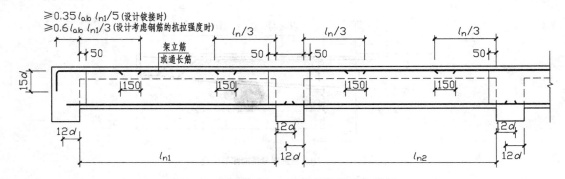

图 1-28　非框架梁（L）纵筋的搭接与锚固

梁内纵筋的锚固与搭接，在抗震地区要符合 GB 50011—2010《建筑抗震设计规范》的要求，在非抗震地区要符合 GB 50010—2010《混凝土结构设计规范》的要求。图中受拉钢筋基本锚固长度 l_{ab}、抗震基本锚固长度 l_{abE} 见表 1-2；受拉钢筋锚固长度 l_a、抗震锚固长度 l_{aE} 见表 1-3；纵向受拉钢筋锚固长度修正系数 ζ_a 见表 1-4；纵向受拉钢筋绑扎搭接长度 l_{lE}、l_l 及修正系数 ζ_l 见表 1-5、表 1-6；受力钢筋的混凝土保护层最小厚度见表 1-7；混凝土结构的环境类别见表 1-8。

表 1-2　受拉钢筋基本锚固长度 l_{ab}、l_{abE}

钢筋种类	抗震等级	混凝土强度等级								
		C20	C25	C30	C35	C40	C45	C50	C55	≥C60
HPB300	一、二级（l_{abE}）	45d	39d	35d	32d	29d	28d	26d	25d	24d
	三级（l_{abE}）	41d	36d	32d	29d	26d	25d	24d	23d	22d
	四级（l_{abE}）非抗震（l_{ab}）	39d	34d	30d	28d	25d	24d	23d	22d	21d
HRB335 HRBF335	一、二级（l_{abE}）	44d	38d	33d	31d	29d	26d	25d	24d	24d
	三级（l_{abE}）	40d	35d	31d	28d	26d	24d	23d	22d	22d
	四级（l_{abE}）非抗震（l_{ab}）	38d	33d	29d	27d	25d	23d	22d	21d	21d

续表

钢筋种类	抗震等级	混凝土强度等级								
		C20	C25	C30	C35	C40	C45	C50	C55	≥C60
HRB400 HRBF400 RRB400	一、二级(l_{abE})	—	46d	40d	37d	33d	32d	31d	30d	29d
	三级(l_{abE})	—	42d	37d	34d	30d	29d	28d	27d	26d
	四级(l_{abE}) 非抗震(l_{ab})	—	40d	35d	32d	29d	28d	27d	26d	25d
HRB500 HRBF500	一、二级(l_{abE})	—	55d	49d	45d	41d	39d	37d	36d	35d
	三级(l_{abE})	—	50d	45d	41d	38d	36d	34d	33d	32d
	四级(l_{abE}) 非抗震(l_{ab})	—	48d	43d	39d	36d	34d	32d	31d	30d

注：1. HPB300 级钢筋末端应做成 180°弯钩。弯后平直段长度不应小于 3d。但作受压钢筋时可不做弯钩。

2. 当锚固钢筋的保护层厚度不大于 5d 时，锚固钢筋长度范围内应设置横向构造钢筋，其直径不应小于 d/4（d 为锚固钢筋的最大直径）；对梁、柱等构件间距不应大于 5d，对板、墙等构件间距不应大于 10d（d 为锚固钢筋的最小直径），且均不应大于 100。

表 1-3　受拉钢筋锚固长度 l_a、抗震锚固长度 l_{aE}

非 抗 震	抗 震
$l_a = \zeta_a l_{ab}$	$l_{aE} = \zeta_{aE} l_a$

注：1. l_a 不应小于 200。

2. 锚固长度修正系数 ζ_a 按表 1-4 取用，当多于一项时，可按连乘计算，但不应小于 0.6。

3. ζ_{aE} 为抗震锚固长度修正系数，对一、二级抗震等级取 1.15，对三级抗震等级取 1.05，对四级抗震等级取 1.00。

表 1-4　受拉钢筋锚固长度修正系数 ζ_a

锚固条件		ζ_a	
带肋钢筋的公称直径大于 25		1.10	
环氧树脂涂层带肋钢筋		1.25	—
施工过程中易受扰动的钢筋		1.10	
锚固区保护层厚度	3d	0.80	注：中间时按内插法。
	5d	0.70	d 为锚固钢筋直径。

表 1-5　纵向受拉钢筋绑扎搭接长度 l_{lE}、l_l

抗 震	非 抗 震
$l_{lE} = \zeta_l l_{aE}$	$l_l = \zeta_l l_a$

表 1-6　纵向受拉钢筋搭接长度修正系数 ζ_l

纵向钢筋搭接接头面积百分率/%	≤25	50	100
ζ_l	1.2	1.4	1.6

表 1-7　混凝土保护层的最小厚度　　　　　　　　　　　mm

环境类别	板、墙	梁、柱	环境类别	板、墙	梁、柱
一	15	20	三 a	30	40
二 a	20	25	三 b	40	50
二 b	25	35			

表 1-8　混凝土结构的环境类别

环境类别	条　件
一	室内干燥环境 无侵蚀性静水浸没环境
二 a	室内潮湿环境 非严寒和非寒冷地区的露天环境 非严寒和非寒冷地区与无侵蚀性的水或土壤直接接触的环境 严寒和寒冷地区的冷冻线以下与无侵蚀性的水或土壤直接接触的环境
二 b	干湿交替环境 水位频繁变动环境 严寒和寒冷地区的露天环境 严寒和寒冷地区冰冻线以上与无侵蚀性的水或土壤直接接触的环境
三 a	严寒和寒冷地区冬季水位变动区环境 受除冰盐影响环境 海风环境
三 b	盐渍土环境 受除冰盐作用环境 海岸环境
四	海水环境
五	受人为或自然的侵蚀性物质影响的环境

第四节　梁内钢筋的节点构造

一、框架梁支座加腋部位的配筋构造要求

1. 框架梁竖向加腋的配筋构造

当框架梁为竖向加腋截面时，加腋部分的配筋由设计标注，斜纵筋的锚固长度见图 1-29。

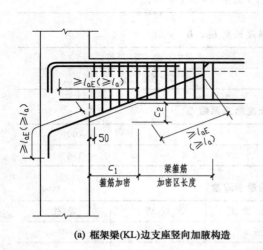

(a) 框架梁(KL)边支座竖向加腋构造

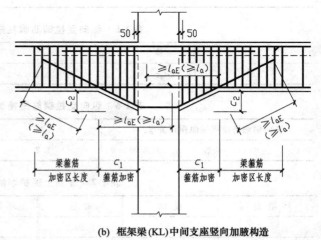

(b) 框架梁(KL)中间支座竖向加腋构造

图 1-29

2. 框架梁水平加腋的配筋构造

当框架梁为水平加腋截面时，当梁结构平法施工图中，水平加腋部位的配筋设计未给出时，其梁腋上下部斜纵筋（仅设置第一排）直径分别同梁内上下纵筋，水平间距不宜大于200，水平加腋部位侧面纵向构造钢筋的设置及构造要求同梁内侧面纵向构造钢筋。斜纵筋的锚固长度见图 1-30。

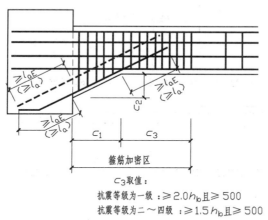

c_3 取值：

抗震等级为一级：$\geqslant 2.0h_b$ 且 $\geqslant 500$

抗震等级为二～四级：$\geqslant 1.5h_b$ 且 $\geqslant 500$

(a) 框架梁(KL)边支座水平加腋构造

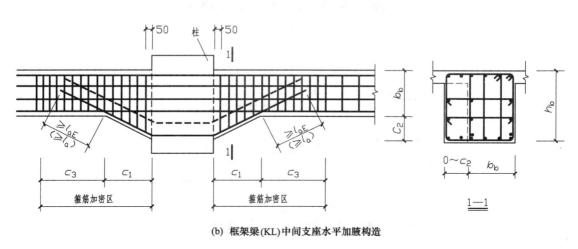

(b) 框架梁(KL)中间支座水平加腋构造

图 1-30

二、框架梁不等高或不等宽时中间支座纵向钢筋构造要求

1. 框架梁不等高时中间支座纵向钢筋的锚固

（1）当屋面框架梁支座两边梁高不同时，纵筋的锚固如图 1-31 所示，下部纵筋的水平直锚段长度，除满足本图注明者外，尚应满足 $\geqslant 0.5h_c + 5d$；当直锚入柱内的长度 $\geqslant l_{aE}$（l_a）且同时满足 $\geqslant 0.5h_c + 5d$，可不必往上或下弯锚。

（2）当楼面框架梁支座两边梁高不同时，纵筋的锚固如图 1-32 所示，下部纵筋的水平直锚段长度，除满足本图注明者外，尚应满足 $\geqslant 0.5h_c + 5d$。当直锚入柱内的长度 $\geqslant l_{aE}$（l_a）且同时满足 $\geqslant 0.5h_c + 5d$，可不必往上或下弯锚。

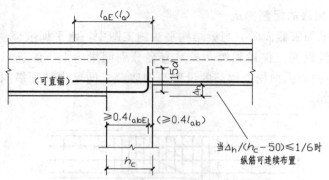

(a) 屋面框架梁(WKL)梁底不等高中间支座纵筋构造

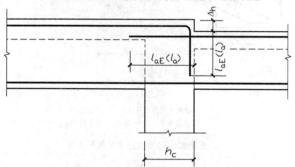

(b) 屋面框架梁(WKL)梁顶不等高中间支座纵筋构造

图 1-31

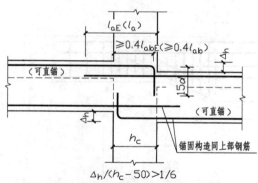

(a) 楼面框架梁(KL)梁顶和梁底均不等高中间支座纵筋构造(一)

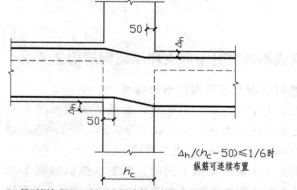

(b) 楼面框架梁(KL)梁顶和梁底均不等高中间支座纵筋构造(二)

图 1-32

2. 框架梁不等宽时中间支座纵向钢筋的锚固

（1）当屋面框架梁支座两边梁宽不同或错开布置时，将无法直通的纵筋弯锚入柱内；或当支座两边纵筋根数不同时，可将多出的纵筋弯锚入柱内。纵筋的锚固如图 1-33 所示。

（2）当楼层框架梁支座两边梁宽不同时，将无法直锚的纵筋弯锚入柱内；或当支座两边纵筋根数不同时，可将多出的纵筋弯锚入柱内。纵筋的锚固如图 1-34 所示。

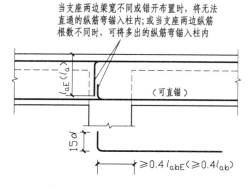

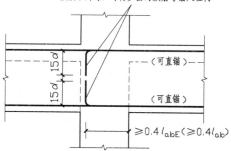

图 1-33　屋面框架梁（WKL）梁宽不同中间支座纵筋构造

图 1-34　楼面框架梁（KL）梁宽不同中间支座纵筋构造

【注意】　框架梁侧面抗扭纵筋在中间支座及边支座的锚固长度均为 $\geqslant l_{aE}$（l_a）。

三、非框架梁不等高或不等宽时中间支座纵向钢筋构造要求

1. 非框架梁不等高时中间支座纵向钢筋的锚固

当非框架梁支座两边梁高不同时，纵筋的锚固如图 1-35 所示，当直锚长度不足时，梁上下部或侧面纵筋应伸至支座对边再弯钩。梁下部肋形钢筋锚长为 $12d$，当为光面钢筋时锚长为 $15d$。

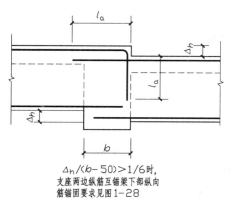

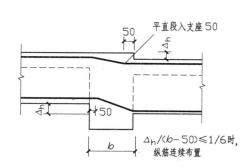

(a) 非框架梁(L)梁顶和梁底均不等高中间支座纵筋构造(一)　　　(b) 非框架梁(L)梁顶和梁底均不等高中间支座纵筋构造(二)

图 1-35

2. 非框架梁不等宽时中间支座纵向钢筋的锚固

当非框架梁支座两边梁宽不同或错开布置时，将无法直通的纵筋弯锚入柱内；或当支座两边纵筋根数不同时，可将多出的纵筋弯锚入柱内。纵筋的锚固如图 1-36 所示。

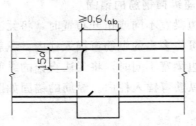

当支座两边梁宽不同或错开布置时，将无法直通的纵筋弯锚入梁内。或当支座两边纵筋根数不同时，可将多出的纵筋弯锚入梁内梁下部纵向筋锚固要求见图1-28

图 1-36　非框架梁（L）梁宽不同中间支座纵筋构造

【注意】　非框架梁侧面抗扭纵筋在中间支座及边支座的锚固长度均为 $\geqslant l_a$。

四、折梁的节点配筋构造要求

1. 水平折梁的配筋构造（详见图 1-37 所示）

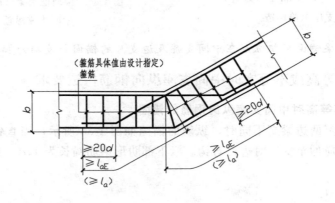

图 1-37　水平折梁钢筋构造

2. 竖向折梁的配筋构造（详见图 1-38 所示）

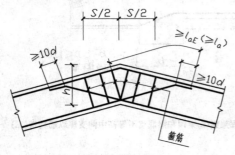

（S 的范围及箍筋具体值由设计指定）

(a)　竖向折梁钢筋构造（一）

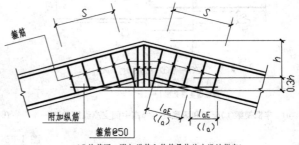

（S 的范围、附加纵筋和箍筋具体值由设计指定）

(b)　竖向折梁钢筋构造（二）

图 1-38

五、梁与柱、主梁与次梁非正交时箍筋的构造要求

1. 梁与方柱斜交或与圆柱相交时箍筋的构造要求

梁与方柱斜交或与圆柱相交时，梁内箍筋不深入柱内，梁的箍筋起始位置距离梁与柱整浇后最先相交的线50mm，位置如图1-39所示。为方便施工，梁在柱内的箍筋可在现场用两个半套箍搭接或焊接。其余部分的箍筋照梁平法施工图施工。

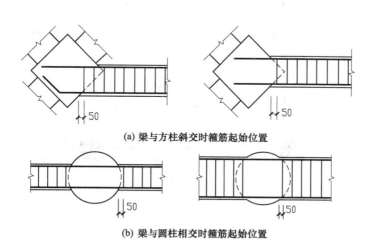

(a) 梁与方柱斜交时箍筋起始位置

(b) 梁与圆柱相交时箍筋起始位置

图 1-39

2. 主梁与次梁斜交时箍筋的构造要求

主梁与次梁斜交时，主梁内的箍筋布置不间断（包括附加箍筋），次梁内的箍筋不深入主梁内，次梁的箍筋起始位置距离主、次梁整浇后相交的线两侧各50mm，位置如图1-40所示。

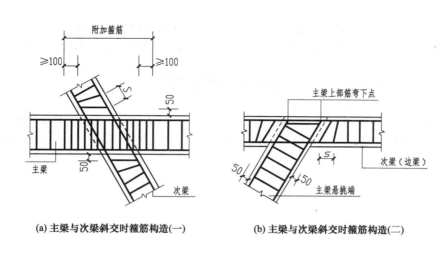

(a) 主梁与次梁斜交时箍筋构造(一)   (b) 主梁与次梁斜交时箍筋构造(二)

图 1-40

【注意】 弧形梁沿梁中心线展开、箍筋间距沿梁凸面线度量。

单项能力实训题

1. 梁平法施工图中有哪几种表示方式？分别适用于什么情况？

2. 平面注写方式中，哪些内容适合用集中标注？集中标注标在梁的什么位置？不适合用集中标注的内容用什么方法标注？

3. 平面注写方式中，集中标注的内容与原位标注的内容在某跨不统一时，施工时取用哪组数值为施工依据？

4. 如图 1-41 所示集中标注中，其中一项（+1.200）表示什么意义？它是必注值吗？

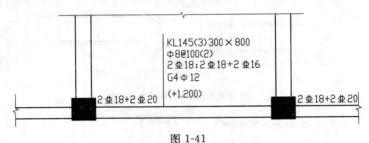

KL145(3)300×800
Φ8@100(2)
2Φ18;2Φ18+2Φ16
G4Φ12
(+1.200)

2Φ18+2Φ20   2Φ18+2Φ20

图 1-41

5. 如图 1-42 所示集中标注中，Φ8@100/150(2) 表示什么？请画出传统剖面图表达它的含义。

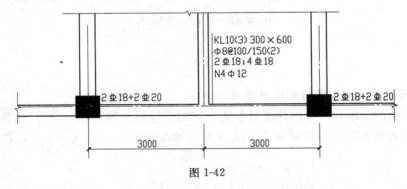

KL10(3)300×600
Φ8@100/150(2)
2Φ18;4Φ18
N4Φ12

2Φ18+2Φ20   2Φ18+2Φ20

3000   3000

图 1-42

6. 集中标注中，大写字母 G 和 N 各代表什么？它们可以同时出现在集中标注中吗？

7. 原位标注中，跨中注写为 6Φ20 2(-2)/4 表示什么意思？请画出传统剖面图表达它的含义。

综合能力实训题

如图 1-43 为某写字楼标准层梁平法施工图，采用平面注写方式，二级抗震等级（箍筋加密区长度≥1.5h_b且≥500，h_b为梁高）。要求补画各编号梁的纵、横剖面配筋图，并画出梁内纵筋的抽筋图。

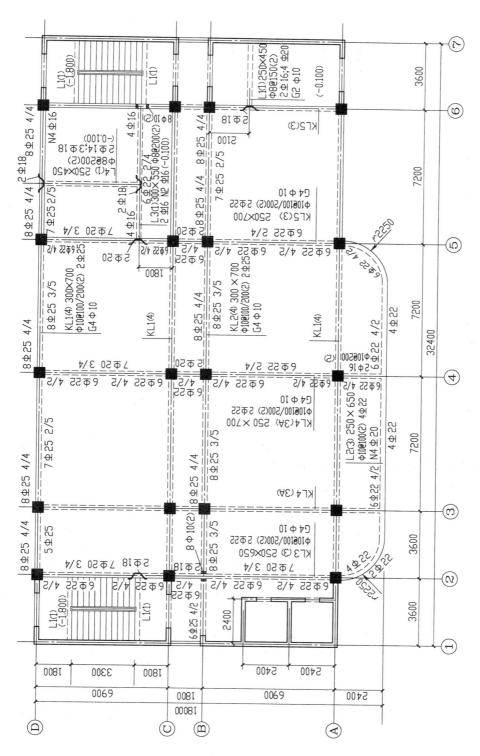

图 1-43　某写字楼标准层梁平法施工图

第二章

钢筋混凝土板施工图平面表示法解读

学习目标

通过对本章的学习，熟悉现浇板平法施工图的制图规则和注写方式；掌握板块集中标注和板支座原位标注的含义和标注位置，及其施工注意事项。重点掌握板块集中标注的内容（包括板块编号、板厚标注、贯通纵筋的标注、板面标高高差）；重点掌握板支座原位标注的内容（包括板支座钢筋标注位置、板支座钢筋标注方法、板支座受力筋的"隔一布一"方式配筋表达）；掌握楼板相关构造表示方法、构造类型；掌握楼板构造制图规则和施工注意事项。

能力目标

通过本章的学习，能够帮助学习者熟读现浇板"平法"配筋图，能正确理解板中钢筋的配筋方式，并能准确计算板中钢筋的下料长度。

现浇钢筋混凝土楼（屋）盖，目前是工业与民用建筑结构楼（屋）盖的常用结构形式。按组成形式分为：肋梁楼盖（梁板式楼盖）、无梁楼盖、密肋楼盖等形式。本章主要讲解建筑工程中大量应用的梁板式楼盖中板的平面表示法。

现浇楼盖中板的配筋图表达方式有两种，一种是传统表示法，一种是平面表示法。传统表达方式主要有两种。一种是用平面图与剖面图相结合，表达板的形状、尺寸及配筋；另一种是在结构平面布置图上，直接表示板的配筋形式及钢筋用量。板的平面表示法则是在第二种传统表示法的基础上，进一步简化板配筋图表达的一种新方法。

板的平面表示法与传统的板配筋图相比较具有板编号数量少、图面简洁等特点。例如某工程一层板配筋图，如图 2-1 为平面表示法，图 2-2 为传统表示法，平面表示法仅有六种板块，传统表示法则有十种板块，图 2-1 与图 2-2 比较要简洁得多，但传统表示方法对于阅读者来讲更直观、更容易理解。两种表达方式各有特点，实际工程中两种表达方法应用均非常普遍。

正确应用板配筋平面表示法的前提条件是要掌握板平面表示法的制图规则与相应构造规定。下面结合工程实例介绍《混凝土结构施工图平面整体表示方法制图规则和构造详图》之11G101-1《混凝土结构施工图平面整体表示方法制图规则和构造详图（现浇混凝土框架、剪力墙、梁、板）》［原04G101-4《混凝土结构施工图平面整体表示方法制图规则和构造详图（现浇混凝土楼面与屋面板）》］、现浇混凝土楼面与屋面板部分的常用制图规则及相应构造规定。

板平面表示法主要包括板块集中标注和板块支座原位标注两种方式。

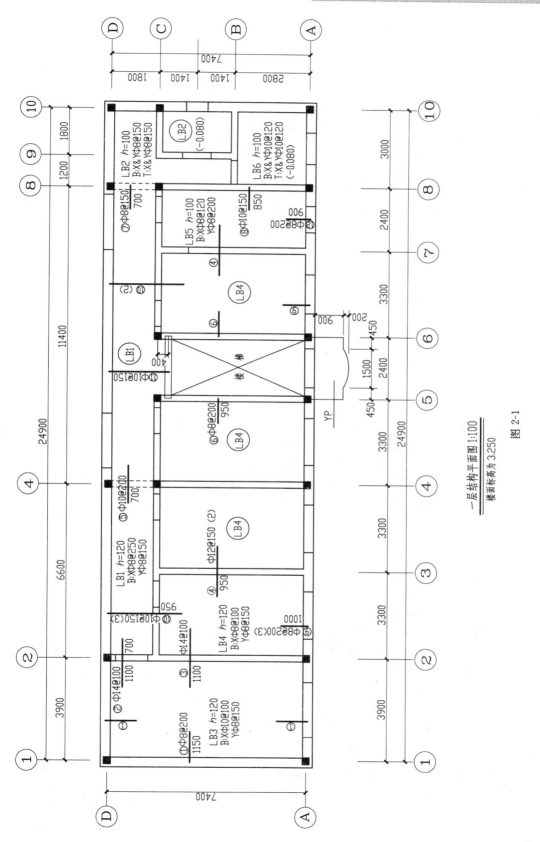

一层结构平面图 1:100
楼面标高为 3.250

图 2-1

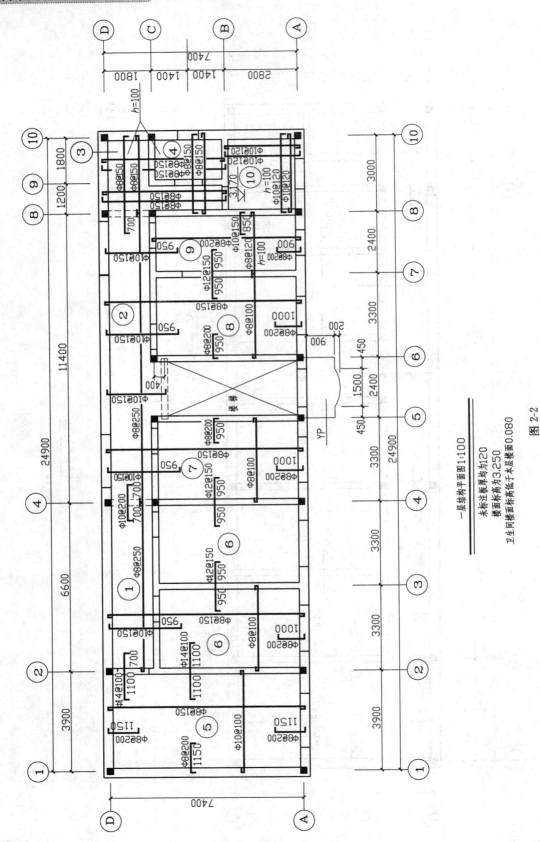

一层结构平面图1:100

未标注板厚均为120
楼面标高为3.250
卫生间楼面标高低于本层楼面0.080

图 2-2

第一节 板块集中标注

板块集中标注的内容有板块编号、板厚、贯通纵筋、板面标高不同时的标高差。

一、板块集中标注方法

1. 板块的编号

对于普通楼面，两向均以一跨为一板块，所有板块应逐一编号，相同编号的板块可择其一做集中标注，其他仅注写置于圆圈内的板编号，以及当板面标高不同时的标高高差；同一编号板块的类型、板厚和贯通纵筋均相同，但板面标高、跨度、平面形状以及板支座上部非贯通纵筋可以不同，同一编号板块的平面形状可为矩形、多边形及其他形状等，如图 2-1 中所示 LB1。②轴至④轴间板块与④轴至⑧轴间板块形状、尺寸均不同，但可编为同一板号。由此在施工下料及做预算、决算时，应注意根据其实际平面形状，分别计算各板块的混凝土与钢材用量。

2. 板块编号常用代号

板块编号常用代号如表 2-1 所示。

表 2-1　板块编号常用代号

板　类　型	代号	序号
楼面板	LB	××
屋面板	WB	××
延伸悬挑板(用于原 04G101-4)	YXB	××
纯悬挑板(用于原 04G101-4)	XB	××
悬挑板(11G101-1)	XB	××

3. 板厚标注

板厚指垂直于板面的厚度，一般注写为 $h=\times\times\times$，如图 2-1 中各板块所标注的 h 值；当悬挑板的端部改变截面厚度时，用斜线分隔根部与端部的厚度值，注写为 $h=\times\times\times/\times\times\times$，斜线前数值为板根部厚度，斜线后数值为板端部厚度；当设计已在图中统一注明板厚或说明了板厚，则各板块中可不具体标注板厚。

4. 贯通纵筋的标注

贯通纵筋按板的下部和上部分别注写（当板块上部不设贯通纵筋时则不注写）。

（1）一般标注方法。

B——代表下部纵向贯通纵筋。

T——代表上部纵向贯通纵筋。

B&T——代表下部与上部纵向贯通纵筋（一般用于同一方向下部与上部贯通纵筋用量相同情况）。

X 向贯通纵筋以 X 打头，Y 向贯通纵筋以 Y 打头，两向贯通纵筋配置相同时则以 X&Y 打头。

如图 2-3 所示：

楼板 1（LB1）板厚为 120mm，B：XΦ8@100、YΦ8@180 表示下部纵向贯通纵筋用量

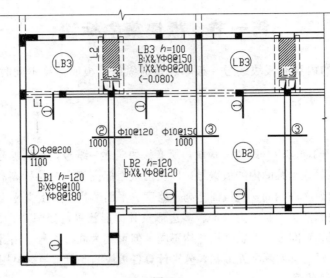

图 2-3

为：X 方向Φ8@100、Y 方向Φ8@180；

楼板 2 (LB2) 板厚为 120mm，B：X& YΦ8@120 表示下部纵向贯通纵筋用量 X 方向与 Y 方向均为Φ8@120；

楼板 3 (LB3) 板厚为 100mm，B：X& YΦ8@150、T：X& YΦ8@200 表示下部纵向贯通纵筋用量 X 方向与 Y 方向均为Φ8@150；上部纵向贯通纵筋用量 X 方向与 Y 方向均为Φ8@200。

（2）单向板的标注方法。

当为单向板时，可仅标注受力方向贯通纵筋用量，另一方向贯通的分布钢筋用量可不注写，而在图中统一注明或说明。如图 2-1 中 LB1 为单向板，LB1 中 B：XΦ8@250 为分布钢筋，可不在图中具体注写。

（3）板内构造钢筋的标注方法。

当在某些板内 ［例如在悬挑板（原 04G101-4 之延伸悬挑板 YXB 或纯悬挑板 XB 的下部）］配置有构造钢筋时，则 X 方向以 Xc 打头注写，Y 方向以 Yc 打头注写。

5. 板面标高高差

板面标高高差是指相对于结构层楼面标高的高差，这个高差注写在括号内，具体形式为（±×××），其中正号可以不写，表示该板面高于结构层楼面标高×××，负号表示该板面低于结构层楼面标高×××，且有高差时注写，无高差则不注写。如图 2-1 中的楼板 2（LB2）、图 2-3 中的楼板 3（LB3）均标注有（−0.080），表示楼板 2、楼板 3 板面低于结构层楼面标高 0.080m。

二、施工注意事项

单向或双向连续板的中间支座上部同向贯通纵筋，不应在支座位置连接或分别锚固。当相邻两跨的板上部贯通纵筋配置相同，且跨中部位有足够空间连接时，可在两跨任意一跨的跨中连接部位连接，如图 2-4 所示；当相邻两跨的上部贯通纵筋配置不同时，应将配置较大者越过其标注的跨数终点或起点伸至相邻跨的跨中连接区域连接。

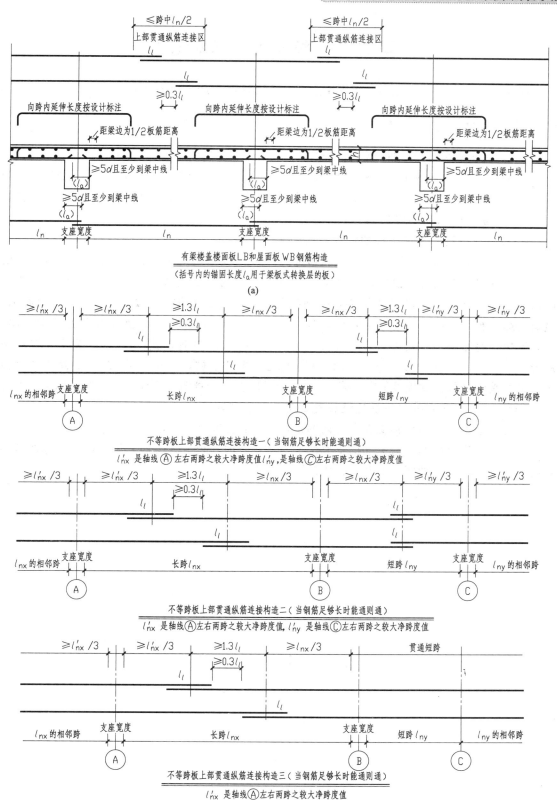

有梁楼盖楼面板LB和屋面板WB钢筋构造

（括号内的锚固长度l_a用于梁板式转换层的板）

(a)

不等跨板上部贯通纵筋连接构造一（当钢筋足够长时能通则通）

l'_{nx}是轴线Ⓐ左右两跨之较大净跨度值，l'_{ny}是轴线Ⓒ左右两跨之较大净跨度值

不等跨板上部贯通纵筋连接构造二（当钢筋足够长时能通则通）

l'_{nx}是轴线Ⓐ左右两跨之较大净跨度值，l'_{ny}是轴线Ⓒ左右两跨之较大净跨度值

不等跨板上部贯通纵筋连接构造三（当钢筋足够长时能通则通）

l'_{nx}是轴线Ⓐ左右两跨之较大净跨度值

(b)

图 2-4

第二节　板支座原位标注

板支座原位标注的内容为：板支座上部非贯通纵筋和悬挑板上部受力钢筋。

一、板支座原位标注方法

（一）板支座钢筋标注位置

板支座原位标注的钢筋，应在配置相同跨的第一跨表达（当在梁悬挑部位单独配置时则在原位表达）。如图 2-1 中 LB4 支座上部非贯通纵筋④φ12@150(2)，在 LB4 的第一跨③轴处标注。

（二）板支座钢筋标注方法

1. 楼板或屋面板支座上部非贯通筋的标注

在配置相同跨的第一跨（或梁悬挑部位），垂直于板支座（梁或墙）绘制一段适宜长度的中粗线（当该钢筋通长设置在悬挑板或短跨板上部时，实线段应画至对边或贯通短跨），以该线段代表支座上部非贯通纵筋，并在线段上方注写钢筋编号（如①、②等）、配筋值、横向连续布置的跨数（注写在括号内，且当为一跨时可不注写），以及是否布置到梁（墙）的悬挑端。跨数注写方式为（××）、（××A）、（××B）三种形式，（××）表示布置的跨数为××，（××A）表示布置的跨数为××且一端带悬挑，（××B）表示布置的跨数为××且两端带悬挑。如图 2-1 中的④φ12@150(2) 表示④号钢筋连续布置 2 跨，图 2-6 中的⑨φ12@100(2A)表示⑨号钢筋连续布置 2 跨且一端带悬挑。

板支座上部非贯通筋自支座向跨内的延伸长度，注写在线段的下方位置。

当中间支座上部非贯通纵筋向支座两侧对称延伸时，可仅在支座一侧线段下方标注延伸长度，另一侧不注，如图 2-5 中的③号、④号钢筋。

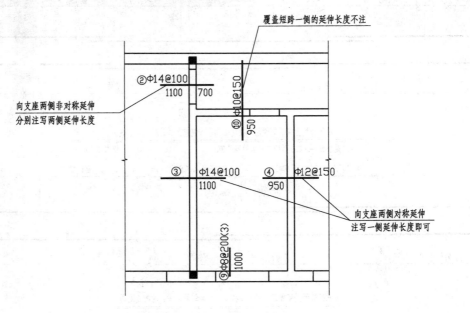

图 2-5

当向支座两侧非对称延伸时，应分别在支座两侧线段下方注写延伸长度，如图 2-5 中的②号钢筋。

对线段画至对边贯通全跨或贯通全悬挑长度的上部通长纵筋，贯通全跨或延伸至全悬挑一侧的长度值不注，只注明非贯通筋另一侧的延伸长度值，如图 2-6 中的⑨号、⑩号钢筋。

在板平面布置图中，不同部位的板支座上部非贯通纵筋及纯悬挑板上部受力钢筋，可仅在一个部位注写，对其他相同者则仅需在代表钢筋的线段上注写编号及横向连续布置的跨数（当为一跨时可不注）即可。

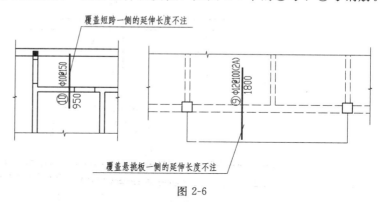

图 2-6

例如，图 2-1 在板平面布置图②轴至③轴范围，支承墙上绘制的短粗线段上注有⑩Φ10@150(3)和 950，表示支座上部⑩号非贯通纵筋为Φ10@150，从该跨起沿支承墙连续布置 3 跨，该钢筋一侧贯通Ⓒ轴至Ⓓ轴跨，一侧向跨内的延伸长度为 950mm。在同一板平面布置图的另一部位支承墙支座绘制的短粗线段上注有⑩(2)者，是表示该钢筋同⑩号纵筋，沿支承墙连续布置 2 跨。

此外，与板支座上部非贯通纵筋垂直绑扎在一起的构造钢筋或分布钢筋，一般在结构图中说明或另外绘制详图。

【注意】支座上部非贯通纵筋的延伸长度，由支座中心算起还是支座边缘算起，由具体工程结构设计工程师确定。

2. 板支座为弧形时支座上部非贯通筋的标注

当板支座为弧形，支座上部非贯通纵筋呈放射分布时，需结构工程师具体注明配筋间距的度量位置并加注"放射分布"四字，必要时应补绘平面配筋图，如图 2-7 所示。

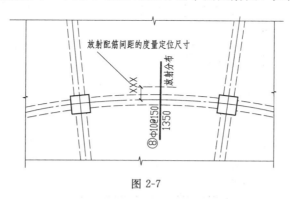

图 2-7

3. 悬挑板（原 04G101-4 之延伸悬挑板）上部受力筋的标注方式一

悬挑板（原 04G101-4 之延伸悬挑板）的注写方式见图 2-8，图中表示该悬挑板的悬挑长度为 1500mm；$h=150/100$ 表示该板为变截面板，根部厚度 150mm 端部厚度为 100mm；悬挑板上部受力钢筋的配筋方式，为悬挑板（原 04G101-4 之延伸悬挑板）的上部受力钢筋与相邻跨内板的上部纵筋连通配置。⑨Φ12@100 表示⑨号钢筋用量为Φ12@100，向内延伸

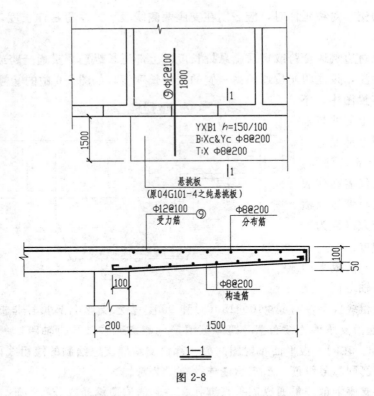

图 2-8

1800mm，向外延伸至悬挑端端部。T：X φ8＠200 表示悬挑板上部钢筋网片 X 方向钢筋用量（分布钢筋）为 φ8＠200，B：Xc＆Yc φ8＠200 表示该悬挑板下部配构造钢筋，X 方向与 Y 方向钢筋用量均为 φ8＠200。

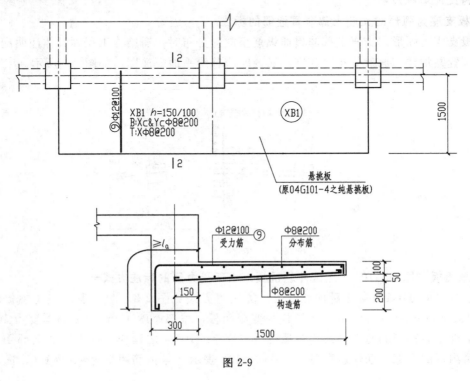

图 2-9

4. 悬挑板（原04G101-4之纯悬挑板）**上部受力筋的标注方式二**

悬挑板（原04G101-4之纯悬挑板）的上部受力钢筋注写方式见图2-9，悬挑板的上部受力钢筋要锚固于支座内。显见图2-9与图2-8悬挑端上部受力钢筋形式不同，图2-8为延伸悬挑板上部受力钢筋与相邻跨内板的上部纵筋连通配置形式；图2-9中由于悬挑端板面低于结构楼面，⑨号钢筋无法实现贯通延伸模式，⑨号钢筋只能锚固于支座内。

悬挑板（延伸悬挑板与纯悬挑板）的悬挑阳角上部放射钢筋的表示方法，详见楼板相关构造部分内容（见第二章第三节）。

（三）板支座受力筋采用贯通纵筋与非贯通纵筋结合的"隔一布一"方式配置的表达

"隔一布一"方式，为非贯通纵筋的标注间距与贯通纵筋相同，两者组合后的实际间距

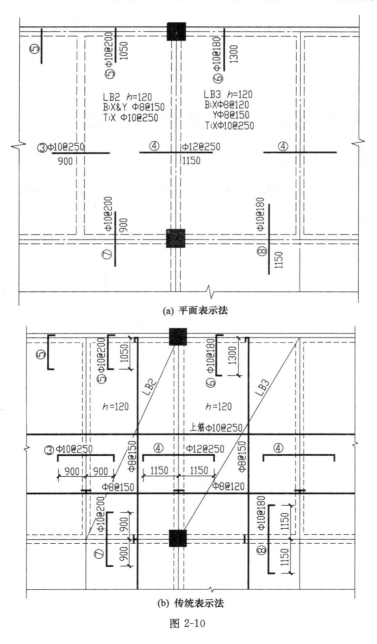

(a) 平面表示法

(b) 传统表示法

图 2-10

为各自标注间距的 1/2。当设定贯通纵筋为纵筋总截面面积的 50％时,两种钢筋取相同直径;当设定贯通纵筋大于或小于总截面面积的 50％时,两种钢筋则取不同直径。一般采用"隔一布一"配筋方式的非贯通纵筋与贯通纵筋两者间距相同。

例如,图 2-10 楼板 2 及楼板 3 上部已配置有贯通纵筋 T:XΦ10@250,楼板 2 左侧支座非贯通纵筋为③Φ10@250,表示在该支座上部设置的纵筋用量实际为Φ10@125,其中 1/2 为贯通纵筋,1/2 为③号非贯通纵筋。楼板 3 两侧支座非贯通纵筋为④Φ12@250,表示该板块横向支座实际设置的上部纵筋为Φ10/12@125。

二、施工注意事项

当支座一侧设置了上部贯通纵筋(在板集中标注中以 T 打头),而在支座另一侧仅设置了上部非贯通纵筋时,如果支座两侧设置的纵筋直径、间距相同,应将二者连通,避免各自在支座上部分别锚固,如图 2-1 中 LB1 与 LB2 间⑦号筋与 LB2 上部 X 向贯通纵筋Φ8@150,在支座处应将二者连通,具体形式应为图 2-2 相应位置配筋模式。

第三节　楼板相关构造制图规则

一、楼板相关构造表示方法

楼板相关构造的平法施工图设计,在板平法施工图上采用直接引注方式表达。

二、楼板相关构造类型

常用楼板相关构造类型及编号如表 2-2 的规定。

表 2-2　楼板相关构造类型与编号

构造类型	代号	序号	说明
纵筋加强带	JQD	××	以单向加强纵筋取代原位置配筋
后浇带	HJD	××	与墙或梁后浇带贯通,有不同的留筋方式
局部升降板	SJB	××	板厚及配筋与所在板相同,构造升降高度≤300mm
板开洞	BD	××	最大边长或直径<1m,加强筋长度有全跨贯通和自洞边锚固两种
板翻边	FB	××	翻边高度≤300mm
角部加强筋	Crs	××	以上部双向非贯通加强钢筋取代原位置的非贯通配筋
悬挑板阴角附加筋(用于原 04G101-4)	Cis	××	板悬挑阴角斜放附加筋
悬挑板阳角放射筋	Ces	××	板悬挑阳角上部放射筋

三、楼板构造制图规则

1. 纵筋加强带 JQD 的引注

纵筋加强带设单向加强贯通纵筋,取代其所在位置板中原配置的同向贯通纵筋。根据受力需要,加强贯通纵筋可在板下部设置,也可在板下部和上部均设置。纵筋加强带 JQD 的

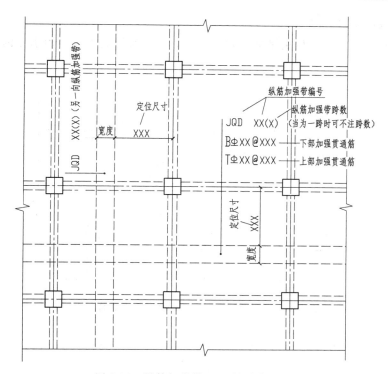

图 2-11　纵筋加强带 JQD 的引注图示

引注见图 2-11。

　　当板下部和上部均设置加强贯通纵筋，而加强带上部横向无配筋时，横向钢筋由设计者注明或说明。当将纵筋加强带设置为暗梁形式时应注写箍筋，其引注见图 2-12。

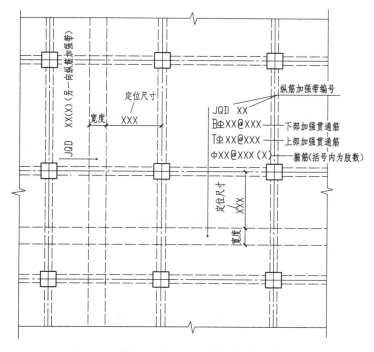

图 2-12　纵筋加强带 JQD 引注图示（暗梁形式）

2. 后浇带 HJD 的引注

后浇带的平面形状及定位由平面布置图表达,后浇带留筋方式等由引注内容表达,详见图 2-13、图 2-14。

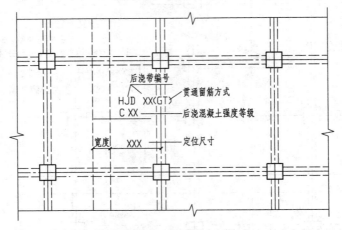

图 2-13 后浇带 HJD 引注图示(贯通留筋方式)

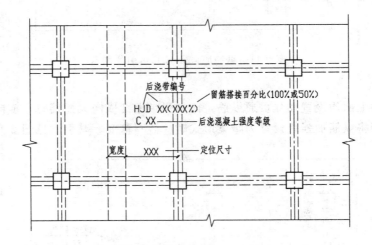

图 2-14 后浇带 HJD 引注图示(搭接留筋方式)

后浇带留筋方式有贯通留筋、100%搭接留筋和50%搭接留筋三种,详见图 2-15～图 2-17。

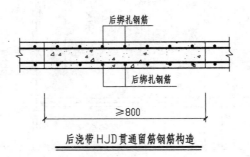

图 2-15 后浇带留筋方式一(贯通留筋方式)

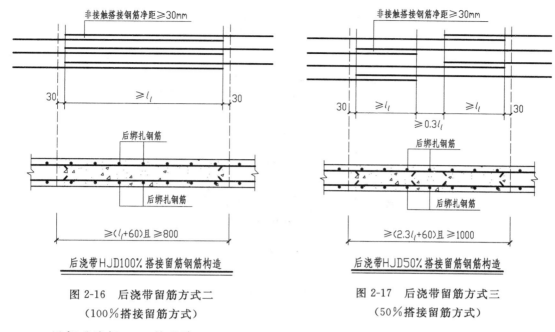

图 2-16　后浇带留筋方式二
（100％搭接留筋方式）

图 2-17　后浇带留筋方式三
（50％搭接留筋方式）

3. 局部升降板 SJB 的引注

局部升降板的平面形状及定位由平面布置图表达，其他内容由引注内容表达，如图2-18所示。

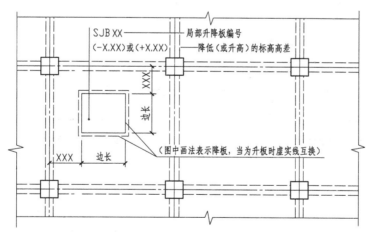

图 2-18　局部升降板 SJB 引注图示

局部升降板的板厚、壁厚和配筋，在标准构造详图中取与所在板块的板厚和配筋相同，设计不注，如图 2-19、图 2-20 所示；当采用不同板厚、壁厚和配筋时，详见设计补充绘制的截面配筋图。若局部升降板一侧有梁时，板中纵筋可直接锚入梁内如图 2-21 所示。若板局部升降部位上下纵向钢筋用量大于同向板上下纵向钢筋用量时，局部升降部位上下需插空补筋如图 2-22 所示。

4. 板开洞 BD 的引注

板开洞的平面形状及定位由平面布置图表达，洞的几何尺寸等由引注内容表达，如图2-23所示。

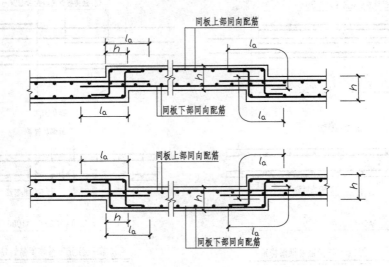

局部升降板SJB基本构造一
局部升高与降低的高度小于板厚

图 2-19　局部升降板 SJB 基本构造（一）

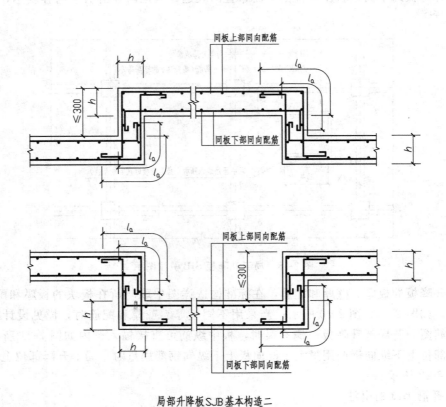

局部升降板SJB基本构造二

图 2-20　局部升降板 SJB 基本构造（二）

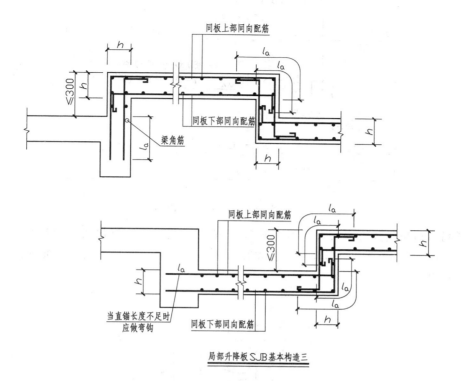

局部升降板 SJB 基本构造三

图 2-21 局部升降板 SJB 基本构造（三）

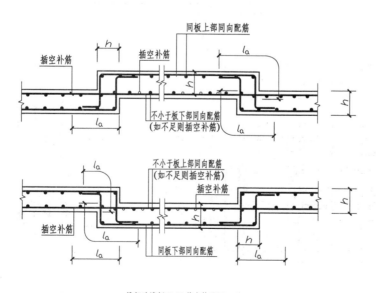

局部升降板 SJB 基本构造四
局部升高与降低的高度小于板厚

图 2-22 局部升降板 SJB 基本构造（四）

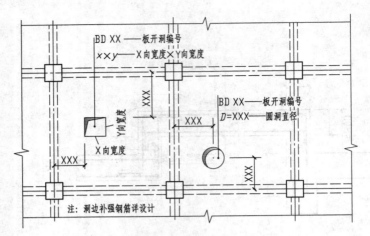

图 2-23 板开洞 BD 引注图示

矩形洞口边长或圆形洞口直径不大于 300mm 时，板中受力钢筋可绕过洞口，不另设补强钢筋，如图 2-24 所示。矩形洞口边长或圆形洞口直径大于 300mm 小于 1000mm 时，洞口补强钢筋的设置如图 2-25 所示。

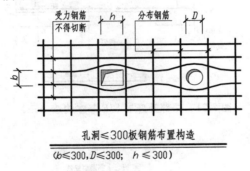

孔洞≤300板钢筋布置构造

(b≤300,D≤300; h≤300)

图 2-24

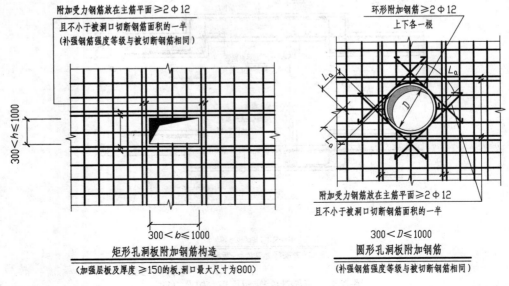

矩形孔洞板附加钢筋构造

（加强层板及厚度≥150的板,洞口最大尺寸为800）

圆形孔洞板附加钢筋

（补强钢筋强度等级与被切断钢筋相同）

图 2-25

5. 板翻边 FB 的引注

板翻边可为上翻边也可为下翻边，翻边尺寸等在引注内容中表达，如图 2-26 所示，翻边高度在标准构造详图中为≤300mm，相应板翻边构造如图 2-27。当翻边高度>300mm 时，按板挑檐构造进行处理。

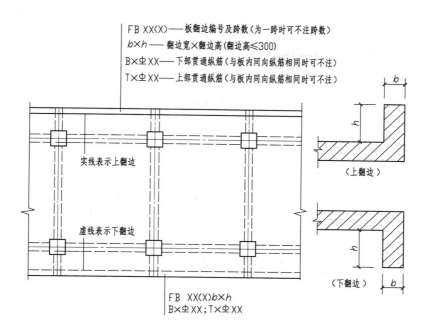

图 2-26　板翻边 FB 引注图示

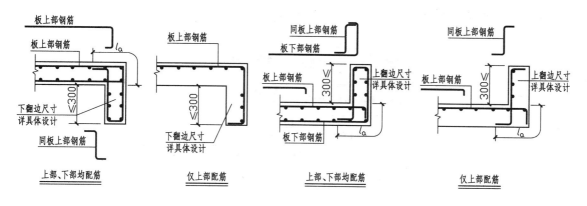

图 2-27　板翻边 FB 构造

6. 板角部加强筋 Crs 的引注

角部加强筋通常用于板块角区的上部，如图 2-28 所示。角部加强筋将在其分布范围内取代原配置的板支座上部非贯通纵筋，且当其分布范围内配有板上部贯通纵筋时则插空布置。

7. 悬挑阴角附加筋 Cis 的引注（用于原 04G101-4）

悬挑阴角附加钢筋是在悬挑板的阴角部位斜放的附加钢筋，如图 2-29 所示。

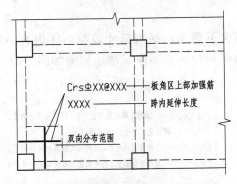

图 2-28 板角部加强筋 Crs 引注图示

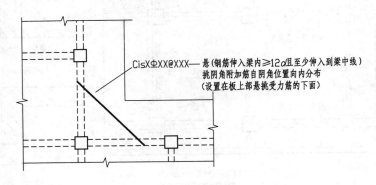

图 2-29 悬挑阴角附加筋 Cis 引注图示

8. 悬挑阳角放射筋 Ces 的引注

悬挑阳角放射筋 Ces 的引注，如图 2-30 所示。

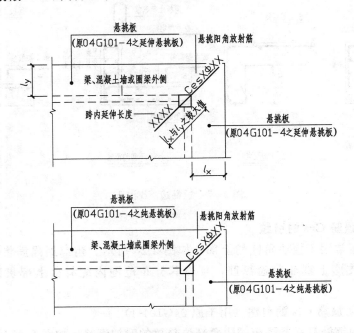

图 2-30 悬挑阳角放射筋 Ces 引注图示

9. 板加腋 JY 的引注

板加腋的位置与范围由平面布置图表达，腋宽、腋高及配筋等由引注内容表达。平面布置图中加腋线为虚线表示板底加腋，如图 2-31 所示；若为板面加腋时，则平面布置图中加腋线为实线。当腋宽、腋高同板厚时，设计不注，板加腋构造做法如图 2-32 所示。

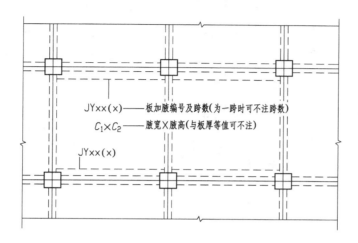

图 2-31 板加腋 JY 引注图示

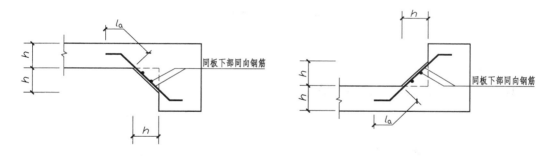

图 2-32 板加腋 JY 构造

 单项能力实训题

1. 如图 2-33 所示结构平面图中，平面形状不同、跨度不同、楼面标高不同的板块 6、9、10 可否编为同一板号？请用平面表示法重新表达图示结构平面图。

2. 如图 2-34 所示板支座上筋为Φ12@120，实际施工时为利用截剩的短钢筋，将板支座上筋做成图2-35形式。请问该做法是否可行？为什么？

3. 有一楼面板块注写为：LB2 $h=120$

    B：XΦ10@150；YΦ8@150

请解释其表达的内容。

4. 某板块集中标注为：WB4 $h=120(0.300)$

    B：X&YΦ8@120

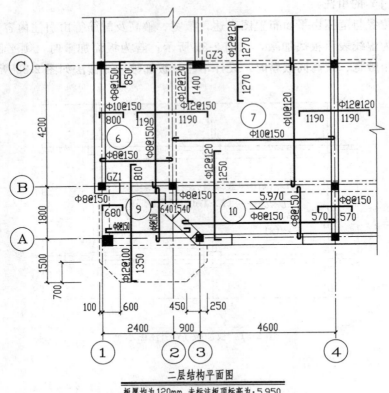

二层结构平面图

板厚均为120mm，未标注板顶标高为：5.950

图 2-33

请解释其表达的内容。

5. 某板支座原位标注为③Φ12@150(3A)，请画图表达（3A）的含义。

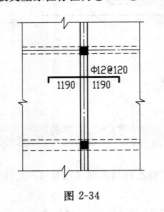

图 2-34

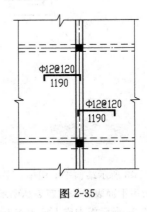

图 2-35

 综合能力实训题

如图 2-36 所示某写字楼六层板平法施工图，要求画出该层板传统配筋图。

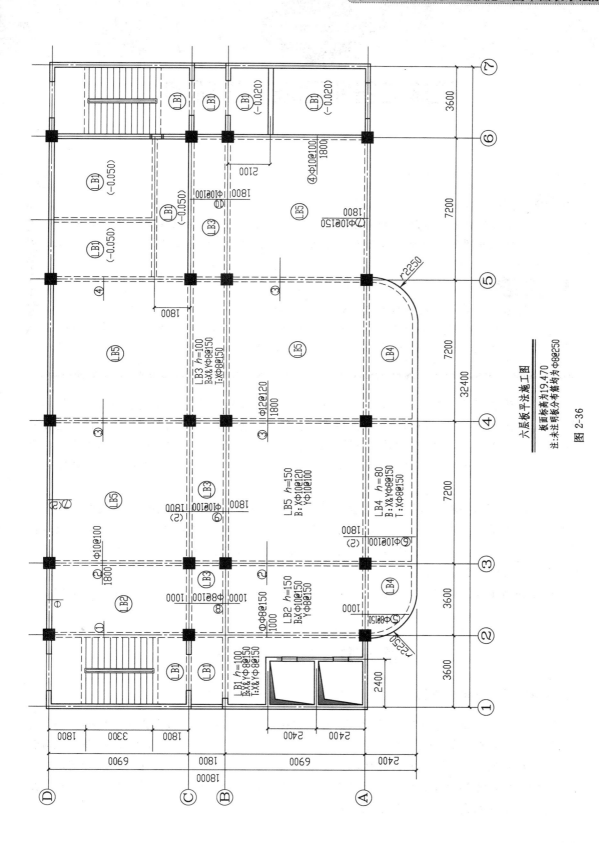

六层板平法施工图

板面标高为19.470

注:未注明板分布筋均为Φ8@250

图 2-36

第三章

柱施工图平面表示法解读

学习目标

通过对本章的学习，掌握钢筋混凝土柱施工图平面表示法制图规则；掌握柱施工图列表注写方式与截面注写方式的具体内容要求；掌握柱相关构造要求、表示方法和施工注意事项。

能力目标

通过本章的学习，能够帮助学习者熟读钢筋混凝土柱"平法"配筋图；具有将每根柱平面表示译为截面表示的能力；熟悉柱在抗震与非抗震地区钢筋的构造要求，并具有将柱的相关构造要求与柱平面表示结合运用于实际的能力。

柱结构施工图平面整体表示方法是一种常见的施工图标注方法，尤其是在高层结构中应用广泛。它是将柱的尺寸和配筋等，按照平面整体表示方法的制图规则，整体直接表达在柱的结构平面布置图上，再与柱的构造详图相配合，构成一套完整的柱结构设计施工图。它简洁明了，改变了传统的那种将构件从结构平面布置图中索引出来，再逐个绘制配筋详图的烦琐方法。

正确应用钢筋混凝土柱配筋平面表示法的前提是掌握柱平面表示法的制图规则与相应构造规定。下面结合工程实例介绍《混凝土结构施工图平面整体表示方法制图规则和构造详图》之11G101-1（混凝土结构施工图平面整体表示方法制图规则和构造详图）中柱的施工图常用制图规则及相应构造规定。

在柱的结构施工图中平面整体表示方法分列表注写方式和截面注写方式两种，具体规则如下。

第一节 列表注写法

一、列表注写法标注细则

列表注写法：首先采用适当的比例绘制一张柱的平面布置图，包括相应的框架柱、框支柱、梁上柱以及剪力墙上柱，然后根据实际需要，分别在图上同一编号的柱中选择一个或几个截面标注几何参数代号；在柱表中标明柱号、柱段起止标高、几何尺寸（含柱截面对轴线的偏心情况）与配筋的具体数值，最后配以各种柱截面形状及其箍筋类型图的方式，来清晰表达施工图中柱的配筋。具体注写内容规定如下。

1. 柱编号

柱编号由类型代号和序号组成，详见图 3-1 和表 3-1。值得注意的是编号时，当柱的总高、分段截面尺寸和配筋均相同，仅分段截面与轴线的关系不同时，可将其编为同一柱号，但应注明截面与轴线的关系。

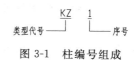

图 3-1　柱编号组成

表 3-1　柱编号及柱段起止标高

柱 类 型	类 型 代 号	柱段起止标高
框架柱	KZ	基础顶面标高
框支柱	KZZ	
芯柱	XZ	据实际需要而定
梁上柱	LZ	梁顶面标高
剪力墙上柱	QZ	墙顶面标高

2. 各柱段起止标高

柱施工图的列表注写方式注写柱的各段起止标高时，应自柱根部以上以截面改变处或截面虽未改变但配筋改变的地方为界分段标注。具体实践中，不同情况下柱的起止标高标注方式规定如下。

① 框架柱或框支柱根标高是指基础顶面标高。

② 芯柱的根部标高是根据结构实际需要而定的起始位置标高。

③ 梁上柱的根部标高是指梁顶面标高。

④ 剪力墙上柱的根部标高分两种：当柱纵筋锚固在墙顶部时，其根部标高为墙顶面标高；当柱与剪力墙重叠一层时，柱根部标高为墙顶面往下一层的结构层楼面标高。

3. 柱截面形状和尺寸

实际工程中，常见柱截面形式有矩形和圆形两种。为提高柱的承压能力，柱截面尺寸不宜过小，对于矩形截面柱，不宜小于 250mm×250mm。为避免长细比过大，常取 $l_0/b \leqslant 30$，$l_0/h \leqslant 25$，（l_0 为柱的计算长度，b 为柱截面短边尺寸，h 为柱截面长边尺寸）。为便于施工、减少模板类型，柱截面尺寸要取整数，在 800mm 以下，以 50mm 为模数；800mm 以上，采用 100mm 的倍数。

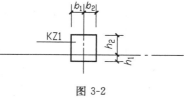

图 3-2

具体标注时，对于矩形柱，柱的截面尺寸符号表示如图 3-2 所示。即以柱两端到轴线的距离来标明柱截面的尺寸，同时标明其与轴线的关系，并对应于各段柱分别注写。

其中，$b = b_1 + b_2$，$h = h_1 + h_2$。具体应用中，当截面的某一边收缩变化至与轴线重合或偏到轴线的另一侧时，b_1、b_2、h_1、h_2 中的某项可取值为零或负值。具体符号含义如下。

h，b——长方形柱截面的边长。

b_1，b_2——柱截面形心距横向轴线的距离。

h_1，h_2——柱截面形心距纵向轴线的距离。

对于圆柱，表 3-2 中 $b \times h$ 一栏使用在圆柱直径数字前加 d 表示。但为表达简便，圆柱截面与轴线的关系仍沿用矩形截面柱的表示方法，即 $d = b_1 + b_2 = h_1 + h_2$（$d$ 为圆柱直径尺寸）。

4. 柱纵向受力钢筋

纵向钢筋的作用是和混凝土一起承担外荷载，承担因温度改变及收缩而产生的拉应力，改善混凝土的脆性性能。所以应严格按《混凝土结构设计规范》（GB 50010—2010）相关要求设计，如：

满足最小配筋率 ρ_{min} 的同时，全部纵向钢筋的配筋率不宜大于 5%，通常，柱中纵向受力钢筋的配筋率在 0.5%～2% 之间；

为提高钢筋骨架刚度，减少箍筋用量，尽量选用根数少、直径较粗的纵向钢筋，一般钢筋的直径不宜小于 12mm，通常在 12～32mm 范围内选择；

纵向钢筋的净间距应在 50～300 的范围之内；水平浇筑的预制柱，纵向钢筋的最小净间距参照梁的有关规定取用；

纵向钢筋的根数至少应保证在每个阳角处设置一根；圆柱中，纵向钢筋根数不宜少于 8 根，且不应少于 6 根；

对于截面高度大于等于 600mm 的偏心受压柱，柱侧应设置直径不小于 10mm 的纵向构造钢筋，以及相应的复合箍筋或拉筋等。

注写施工图中柱纵筋时，当柱的纵向受力钢筋直径相同，各边根数也相同时，可将纵筋注写在全部纵筋一栏中；否则，角筋、截面 b 边中部筋、截面 h 边中部筋、箍筋则分别注写。当采用对称配筋时，矩形截面柱可仅注写一侧中部筋，对称边可省略不注。

5. 箍筋

为固定纵向钢筋位置，防止纵向钢筋压屈，并与纵向钢筋一同形成受力良好的钢筋骨架，从而提高柱的承载能力，根据《混凝土结构设计规范》规定，钢筋混凝土框架柱中应配置封闭式箍筋。箍筋的形状和配置方法视柱的截面形状和纵向钢筋的根数而定。

箍筋一般采用 HPB300 级钢筋，其直径不应小于 $d/4$，且不应小于 6mm，d 为纵向受力钢筋的最大直径。

钢筋的间距不应大于 400mm，且不应大于柱截面的短边尺寸 b，同时不应大于 15d，d 为纵向受力钢筋的最小直径。

圆柱中箍筋的搭接长度不应小于钢筋的锚固长度，且末端应做成 135° 的弯钩，弯钩末端平直段长度不应小于箍筋直径的 5 倍。

当柱截面短边尺寸大于 400 且各边纵向钢筋多于 3 根时；或当柱截面短边尺寸不大于 400 且各边纵向钢筋多于 4 根时，应设置复合箍筋，使纵向钢筋每隔一根位于箍筋转角处，但柱中不允许采用有内折角的箍筋。图 3-3、图 3-4 为几种常见复合箍筋类型。

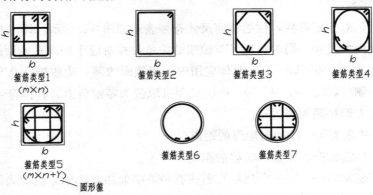

图 3-3　箍筋类型图

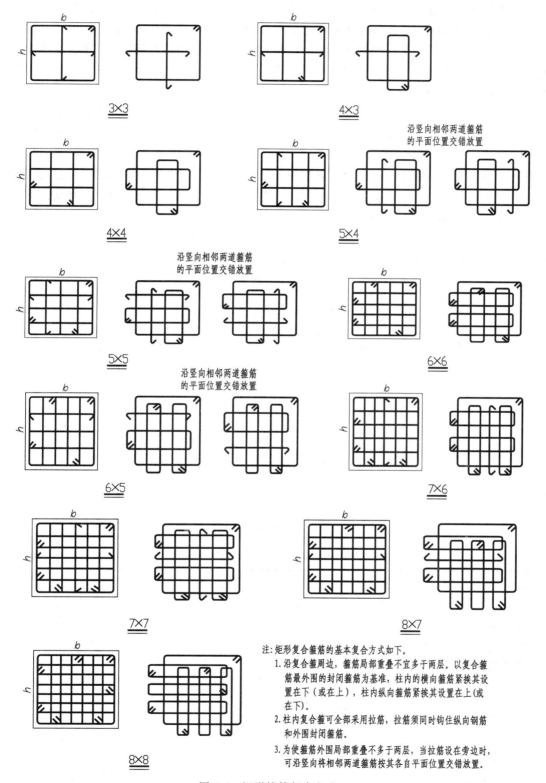

图 3-4 矩形箍筋复合方式

当全部纵向钢筋配筋率大于 3‰时，箍筋直径不应小于 8mm，间距不应大于 10d 和 200mm，且箍筋弯钩平直段长度不应小于纵向受力钢筋最小直径的 10 倍。

在平面整体表示法标注的施工图中，箍筋的标注内容应包括箍筋类型、箍筋的肢数、箍筋的级别、直径及间距。当为抗震设计时，用"/"表示柱端箍筋加密区与柱身非加密区长度范围内箍筋的不同间距。

例如，表 3-2 中，箍筋Φ10@100/200 表示箍筋为Ⅰ级（HPB300）钢筋，直径为Φ10，加密区间距为 100，非加密区间距为 200。当箍筋沿柱全高为一种间距时，则不使用"/"线。如箍筋Φ10@100 表示箍筋为Ⅰ级（HPB300）钢筋，直径为Φ10，间距为 100，沿柱全高布置。当圆柱采用螺旋箍筋时，需在箍筋前加"L"。例如，LΦ10@100/200，表示采用螺旋箍筋，Ⅰ级（HPB300）钢筋，直径为Φ10，加密区间距为 100，非加密区间距为 200。

6. 柱列表注写方式标注示例

图 3-5 配合表 3-2 以列表注写方式给出某一框架结构柱施工图实例。柱配筋的具体方式、数量以柱截面形状及箍筋类型图相结合的方式表达。

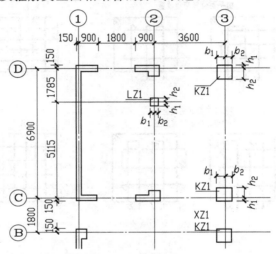

图 3-5　柱局部施工图示例

表 3-2　柱的施工图列表注写方式实例

柱号	KZ1		
标高	−0.030～19.47	19.47～34.47	34.47～59.07
$b×h$（圆柱直径 d）	750×700	650×600	550×500
b_1	375	325	275
b_2	375	325	275
h_1	150	150	150
h_2	550	450	350
全部纵筋	24Φ25		
角筋		4Φ22	4Φ22
b 边一侧中部钢筋		5Φ22	5Φ22
h 边一侧中部钢筋		4Φ20	4Φ20
箍筋类型号	1(4×4)	1(4×4)	1(4×4)
箍筋	10@100/200	10@100/200	10@100/200

二、施工注意事项

① 在柱平法施工图中，用表格或其他方式注明包括地下或地上各层的结构层的楼面标高、结构层高及相应的结构层号。且结构层楼面标高和结构层高在单项工程中必须统一，以保证柱与基础、墙、梁、板等用同一标准竖向定位。

② 施工图中，需在列表上部或图中适当位置，以图的形式表明箍筋类型及箍筋复合的具体方式，并标注出相应的 b、h 及类型号，图 3-4 为几种常见复合箍筋类型。

③ 加密区长度、非加密区长度图纸如没有明确标注时，施工人员必须根据标准构造详图的规定，在规定的几种长度值中取其最大者作为加密区长度。

④ 当柱的纵筋采用搭接连接时，在柱纵筋搭接长度范围内的箍筋均应按≤5d（d 为柱纵筋较小直径）及≤100 的间距加密，且应避开柱端的箍筋加密区。当受压钢筋的直径大于 25mm 时，尚应在搭接接头两个端面外 100mm 的范围内各设置两道箍筋。

第二节 截面注写方式

一、截面注写方式

截面注写方式，是在所绘制的柱平面布置图的柱截面上，分别在同一编号的柱中选择一个截面，以直接注写截面尺寸和配筋具体数值的方式来表达柱平法施工图，如图 3-6 所示。

图 3-6 中，KZ1 柱标注内容的含义如下。

KZ1——框架柱编号。

650×600——柱截面尺寸。

4Φ22——柱角部纵筋为 4 根直径 22mm 的 II 级钢筋，每角一根。

5Φ22——表示此边及对边另配置 5 根 22mm 的 II 级钢筋。

4Φ20——表示此边及对边另配置 4 根 20mm 的 II 级钢筋。

Φ10@100/200——箍筋为 I 级（HPB300）钢筋，直径为 Φ10，加密区间距为 100，非加密区间距为 200。

KZ2 柱标注内容的含义如下。

KZ2——框架柱编号。

650×600——柱截面尺寸。

22Φ22——纵筋总用量为 22 根直径 22mm 的 II 级钢筋，每边根数、位置见截面图。

Φ10@100/200——表示箍筋为 I 级（HPB300）钢筋，直径为 Φ10，加密区间距为 100，非加密区间距为 200。

在注写过程中，对除芯柱之外的所有柱截面按表 3-1 的规定进行编号，从相同编号的柱中选择一个截面，按另一种比例原位放大绘制柱截面配筋图，并在各配筋图上继其编号后注写截面尺寸 $b×h$、角筋或全部纵筋（当纵筋采用一种直径且能够图示清楚时）、箍筋的具体数值（箍筋的注写方式及对柱纵筋搭接长度范围的箍筋间距要求同上一节内容），以及在柱截面配筋图上标注柱截面与轴线关系 b_1、b_2、h_1、h_2 的具体数值。

当纵筋采用两种直径时，需再注写截面各边中部筋的具体数值。对于采用对称配筋的矩形截面柱，可仅在一侧注写中部筋，对称边省略不注，如图 3-6 所示。

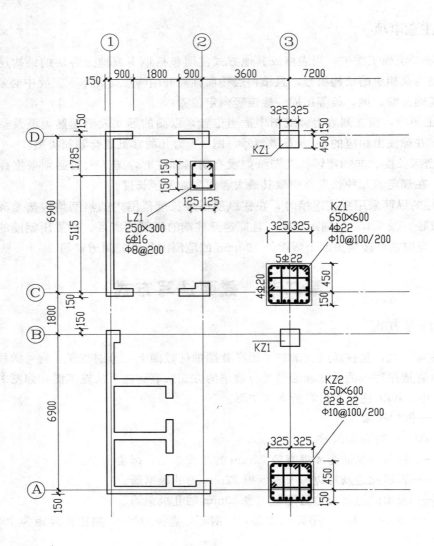

图 3-6

在截面注写方式中，如柱的分段截面尺寸和配筋均相同，仅分段截面与轴线的关系不同时，可将其编为同一柱号。但此时应在未画配筋的柱截面上注写该柱截面与轴线关系的具体尺寸。

二、芯柱

芯柱是柱中柱，设置于某些框架柱一定高度范围内的中心位置。具体标注方式如图 3-7 所示，即首先按表 3-1 的方式进行编号，然后注写芯柱的起止标高、全部纵筋及箍筋的具体数值。其中，各符号含义如下。

XZ1——芯柱。

250×250——芯柱截面尺寸。

8±25——芯柱内纵筋数量。

Φ8@100——表示芯柱内箍筋为Ⅰ级钢筋，直径为8，间距为100。

图 3-7 中，芯柱的截面尺寸由设计者依据构造要求确定，并按标准构造详图施工，无需标注；当设计者采用与构造详图不同的做法时，需另行注明柱截面尺寸。此外，芯柱的定位随框架柱走，不需另标芯柱截面与轴线的几何关系，仅标注芯柱的钢筋用量即可，如图 3-7 所示。规范规定具体构造如图 3-8 所示，其中纵筋连接及根部锚固向上直通至芯柱柱顶标高，具体作法同框架柱。

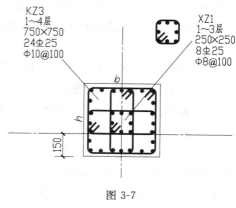

图 3-7

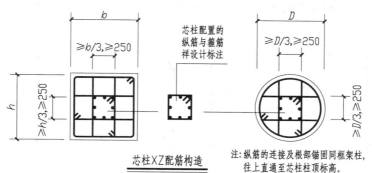

图 3-8　芯柱配筋构造

第三节　非抗震柱构造措施

柱是建筑结构中最主要的承重构件，即便是个别柱的失效，也可能导致结构全面倒塌；此外，柱一般情况下是偏压构件，其截面变形能力远不如以弯曲作用为主的梁，为确保柱有足够的承载力和必要的延性，在柱的实际设计过程中，除满足承载力计算要求外，还要考虑相应的构造要求。构造措施是结构设计中的一个重要组成部分。通过结构计算一般仅能初步决定主要部位的截面尺寸及钢筋数量，对于不易详细计算的因素就要通过构造措施来弥补，同时考虑施工的便利性。下面就将在平面整体表示法中柱的构造要求分别加以说明。

柱通过节点与横梁等结构构件连成一体，形成承重结构，将荷载传至基础。常用的柱截面形式为矩形或正方形，依据建筑要求，也可采用圆形、八角形、T 形等。

在钢筋混凝土结构中，混凝土的优势是承受压力，而高强度钢筋在承压中是不能充分发挥其作用的。因此，实际工程中柱常采用强度等级较高的混凝土和强度等级不大于 HRB400（RRB400）的钢筋，以减小柱截面尺寸，节约钢材。

一、非抗震柱 KZ 纵向钢筋连接方式

当框架柱设计时无需考虑动荷载，只考虑静力荷载作用时，一般按非抗震 KZ 设计。非抗震框架柱常用的纵筋连接方式有绑扎搭接、焊接连接、机械连接三种方式，纵筋的连接要

求，如图 3-9、图 3-10 所示。非抗震框架柱尚应满足以下构造要求：

① 柱相邻纵向钢筋连接接头相互错开，在同一截面内的钢筋接头面积百分率不宜大于 50%。

② 轴心受拉以及小偏心受拉柱内的纵筋，不得采用绑扎搭接接头，设计者应在平法施工图中注明其平面位置及层数。

③ 上柱钢筋比下柱多时，钢筋的连接见图 3-10 中的图 1；上柱钢筋直径比下柱钢筋直径大时，钢筋的连接见图 3-10 中的图 2；下柱钢筋比上柱多时，钢筋的连接见图 3-10 中的图 3；下柱钢筋直径比上柱钢筋直径大时，见图 3-10 中的图 4。图 3-10 中可为绑扎搭接、机械连接或对焊连接中的任一种。

④ 框架柱纵向钢筋直径 $d>28$ 时，不宜采用绑扎搭接接头。

⑤ 机械连接和焊接接头的类型及质量应符合国家现行有关标准的规定。

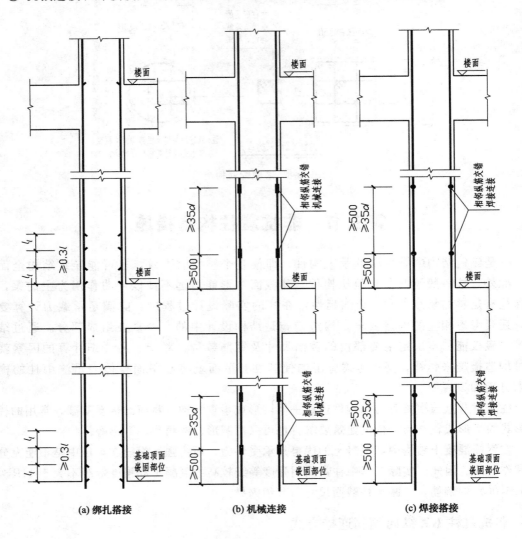

(a) 绑扎搭接　　　　(b) 机械连接　　　　(c) 焊接搭接

图 3-9

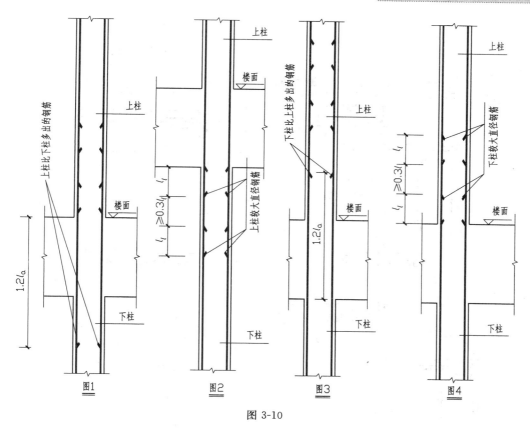

图 3-10

二、非抗震柱柱顶纵向钢筋构造

1. 非抗震边柱和角柱柱顶纵向钢筋构造

非抗震边柱和角柱柱顶纵向钢筋构造分 A～E 五种类型（如图 3-11 所示），根据设计者指定的类型选用，当设计者未指定类型时，施工人员可根据具体情况与设计人员协商确定具体类型。值得注意的是：节点 A、B、C、D 应配合使用，可分别选用 B+D 或 C+D 或 A+B+D 或 A+C+D 的做法。节点 D 不应单独使用（仅用于未伸入梁内的柱外侧纵筋锚固），伸入梁内的柱外侧纵筋不宜少于柱外侧全部纵筋面积的 65%；节点 E 可与节点 A 组合，用于梁、柱纵向钢筋接头沿节点柱顶外侧直线布置的情况。

2. 非抗震 KZ 中柱柱顶纵向钢筋构造

非抗震中柱柱顶的锚固方式如图 3-12 所示，分四种构造做法。

3. 非抗震 KZ 柱变截面位置纵向钢筋构造

由于建筑功能或结构设计上的原因，非抗震 KZ 会遇到变截面的情况。柱内纵向钢筋构造做法如图 3-13 所示。

三、非抗震 QZ、LZ 纵向钢筋及箍筋构造

1. 纵向钢筋

非抗震 QZ、LZ 的纵向钢筋构造做法如图 3-14 所示，且柱内纵向钢筋也要满足一些构造上的要求，如墙上起柱（柱纵筋锚固在墙顶部时）和梁上起柱时，墙体与梁的平面外方向应设梁，使得柱脚平面外弯矩得以平衡；当梁宽小于柱宽时，应在梁处设置加腋。

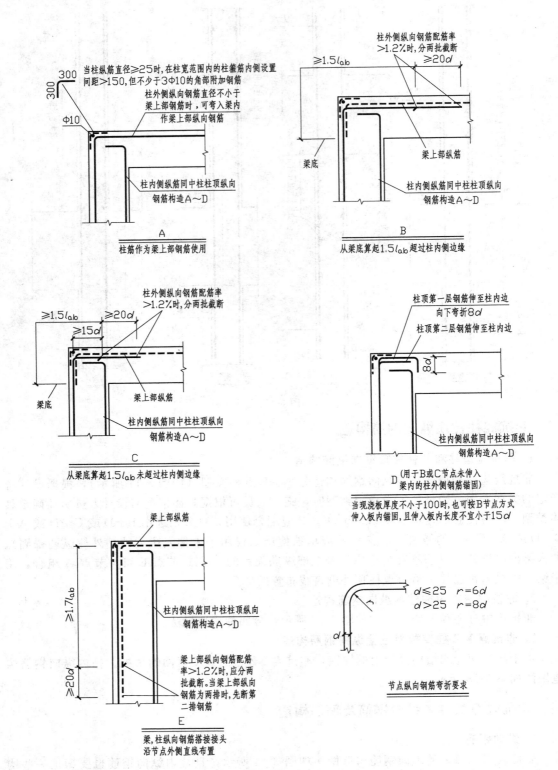

图 3-11 边柱、角柱柱顶纵向钢筋构造

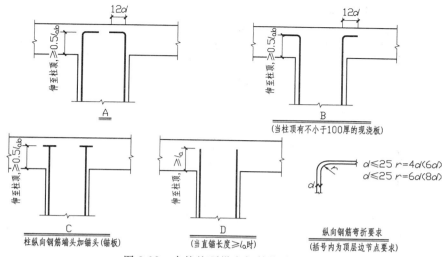

图 3-12 中柱柱顶纵向钢筋构造 A～D

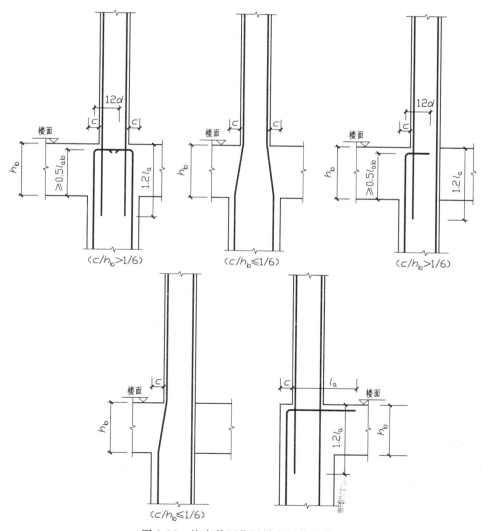

图 3-13 柱变截面位置纵向钢筋构造

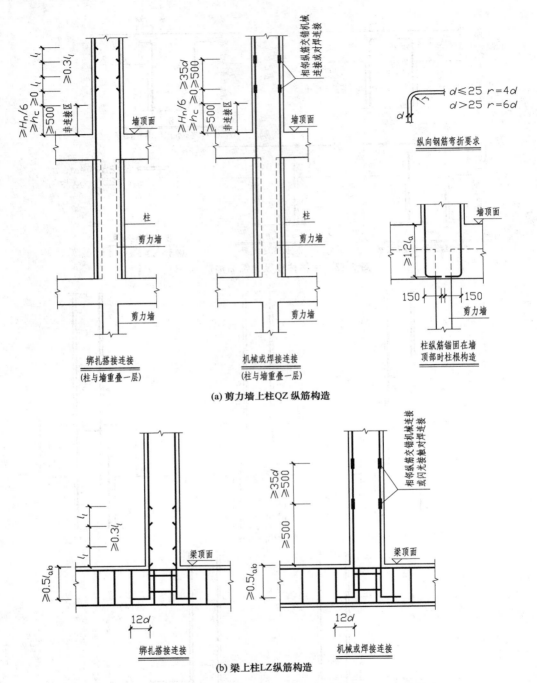

图 3-14 剪力墙上柱（QZ）纵筋构造、梁上柱（LZ）纵筋构造

2. 箍筋构造

规范规定了柱加密范围，具体如图 3-15 所示。墙上起柱，在墙顶面标高以下锚固范围内的柱箍筋按上柱非加密区箍筋要求配置；梁上起柱在梁内设两道柱箍筋。

在柱平法施工图中所注写的非抗震柱的箍筋间距是非搭接区箍筋间距，在搭接区，包括顶层边角柱梁柱纵筋搭接区的箍筋直径和间距要求如下：

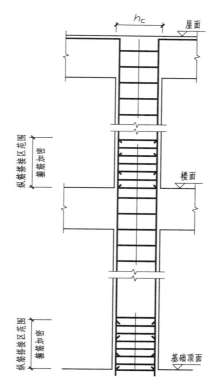

图 3-15 非抗震框架柱（KZ）箍筋构造

（1）搭接区内箍筋直径不小于 $d/4$（d 为搭接钢筋最大直径），间距不应大于 100mm 及 $5d$（d 为搭接钢筋最小直径）。

（2）当受压钢筋直径大于 25mm 时，尚应在搭接接头的两个端面外 100mm 的范围内各设置两道箍筋。

当为复合箍筋时，对于四边均有梁的中间节点，在四根梁端的最高梁底至楼板顶范围内可只设置沿周边的矩形封闭箍筋。

墙上起柱（柱纵筋锚固在墙顶部时）和梁上起柱时，墙体和梁的平面外方向应设梁，以平衡柱脚在该方向的弯矩；当柱宽度大于梁宽时，梁应设水平加腋。

第四节 抗震柱构造措施

建筑结构抗震设计中遵循的一条重要原则是"强柱弱梁"，柱是建筑结构抗震设计关键构件之一，是重要的承重构件。为确保其有足够的承载力和必要的延性，减轻建筑的地震破坏，避免人员伤亡，减少经济损失，在抗震设防的建筑工程设计过程中，必须对柱进行抗震设防设计，柱不但要满足抗震承载力的要求，同时必须满足抗震措施的要求，包括抗震构造措施的要求。下面就将在平面整体表示法中柱的抗震构造要求分别加以说明。

一、抗震框架柱（KZ）纵向钢筋连接

在多层或高层建筑中，上下柱要做连接。抗震框架柱常用的纵筋连接方式有绑扎搭接、

焊接连接、机械连接三种方式，如图 3-16 所示。

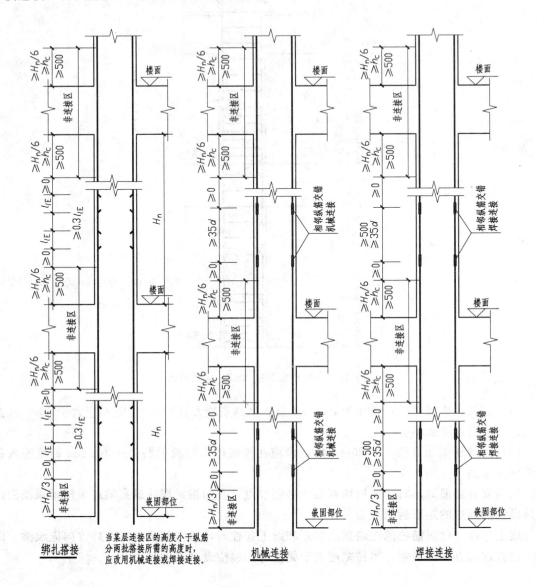

图 3-16　抗震柱（KZ）纵筋连接构造

在实际抗震设计中，柱纵向钢筋的连接应注意以下问题。

① 柱相邻纵向钢筋连接接头应相互错开，在同一截面内钢筋接头面积百分率不应大于 50%。

② 框架柱纵向钢筋直径 $d>22$ 时，以及偏心受拉柱内的纵筋，不宜采用绑扎搭接接头。

③ 图中 h_c 为柱截面长边尺寸（圆柱为截面直径），H_n 为所在楼层的柱净高。

④ 上柱钢筋比下柱多时，见图 3-17 中的图 1；上柱钢筋直径比下柱钢筋直径大时，见图 3-17 中的图 2；下柱钢筋比上柱多时，见图 3-17 中的图 3；下柱钢筋直径比上柱钢筋直径大时见图 3-17 中的图 4。图 3-17 中可为绑扎搭接、机械连接或对焊连接中的任一种。

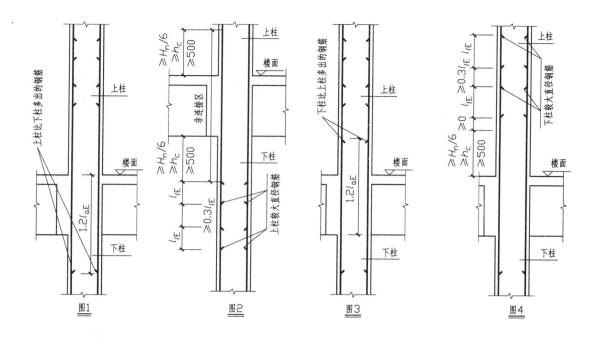

图 3-17

⑤ 实际工程中，地下室的存在使得柱嵌固部位常位于基础顶面以上，此时嵌固部位以下地下室部分柱纵向钢筋连接构造详图 3-18。

⑥ 框架柱纵向钢筋直径 $d>28$ 时，不宜采用绑扎搭接接头。

⑦ 机械连接和焊接接头的类型及质量应符合国家现行有关标准的规定。

二、柱纵筋在节点区的锚固

为保证钢筋混凝土框架节点核心区承载力，框架柱纵向钢筋必须要有可靠的锚固，钢筋混凝土柱的纵筋锚固方式一般有两种：直线锚固和弯折锚固。根据节点不同位置，柱纵筋锚固构造措施如下。

1. 抗震边柱和角柱柱顶纵向钢筋构造

抗震边柱和角柱柱顶纵向钢筋构造分 A～E 五种类型（如图 3-19 所示），根据设计者指定的类型选用，当设计者未指定的类型时，施工人员可根据具体情况与设计人员协商确定具体类型。

（1）节点 A、B、C、D 应配合使用，可选 B+D 或 C+D 或 A+B+D 或 A+C+D 的做法。节点 D 不应单独使用（仅用于未伸入梁内的柱外侧纵筋锚固），伸入梁内的柱外侧纵筋不宜少于柱外侧全部纵筋面积的 65%。

（2）节点 E 可与节点 A 组合，用于梁、柱纵向钢筋接头沿节点柱顶外侧直线布置的情况。

2. 抗震中柱柱顶纵向钢筋构造

抗震中柱柱顶的锚固方式如图 3-20 所示分四种构造做法。

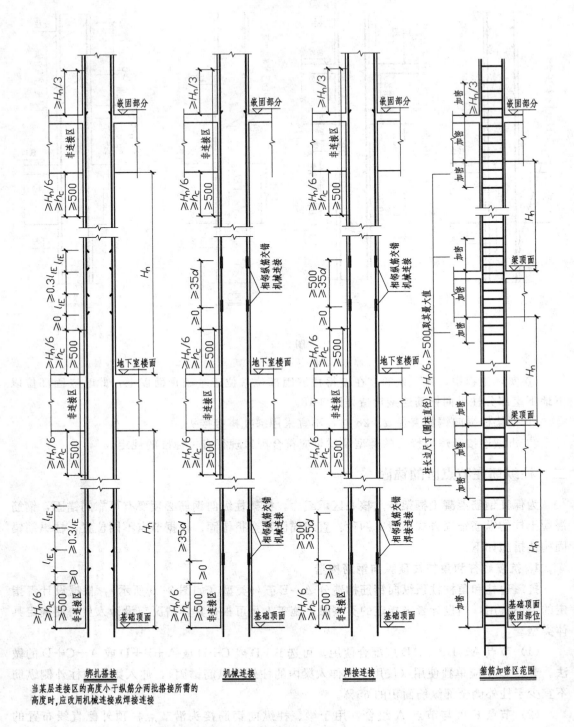

绑扎搭接
当某层连接区的高度小于纵筋分两批搭接所需的
高度时,应改用机械连接或焊接连接

机械连接

焊接连接

箍筋加密区范围

图 3-18 地下室 KZ 纵向钢筋连接构造及箍筋加密区范围

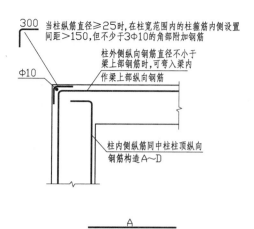

当柱纵筋直径≥25时,在柱宽范围内的柱箍筋内侧设置
间距>150,但不少于3Φ10的角部附加钢筋

柱外侧纵向钢筋直径不小于
梁上部钢筋时,可弯入梁内
作梁上部纵向钢筋

柱内侧纵筋同中柱柱顶纵向
钢筋构造A~D

A
柱筋作为梁上部钢筋使用

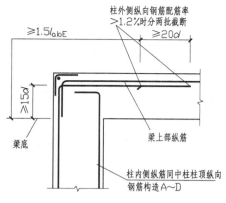

柱外侧纵向钢筋配筋率
>1.2%时分两批截断

梁上部纵筋

柱内侧纵筋同中柱柱顶纵向
钢筋构造A~D

B
从梁底算起1.5l_{abE}超过柱内侧边缘

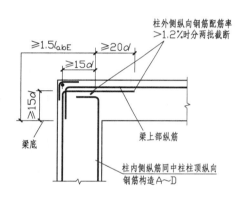

柱外侧纵向钢筋配筋率
>1.2%时分两批截断

梁上部纵筋

柱内侧纵筋同中柱柱顶纵向
钢筋构造A~D

C
从梁底算起1.5l_{abE}未超过柱内侧边缘

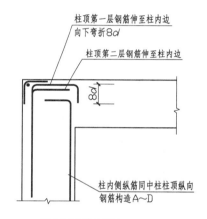

柱顶第一层钢筋伸至柱内边
向下弯折8d

柱顶第二层钢筋伸至柱内边

柱内侧纵筋同中柱柱顶纵向
钢筋构造A~D

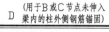

D （用于B或C节点未伸入
梁内的柱外侧钢筋锚固）

当现浇板厚度不小于100时,也
可按B节点方式伸入板内锚固,
且伸入板内长度不宜小于15d

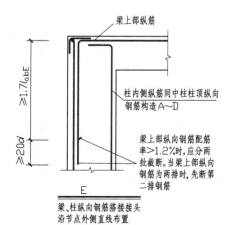

梁上部纵筋

柱内侧纵筋同中柱柱顶纵向
钢筋构造A~D

梁上部纵向钢筋配筋
率>1.2%时,应分两
批截断。当梁上部纵向
钢筋为两排时,先断第
二排钢筋

E
梁、柱纵向钢筋搭接接头
沿节点外侧直线布置

图 3-19 边柱、角柱柱顶构造钢筋构造

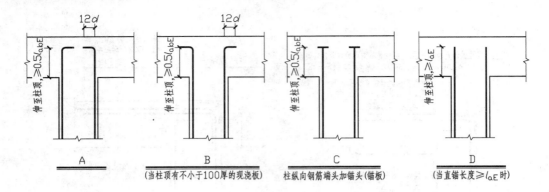

图 3-20 中柱柱顶纵筋构造做法

3. 柱变截面纵向钢筋构造

当遇到变截面柱时，柱内纵向钢筋构造做法如图 3-21 所示。

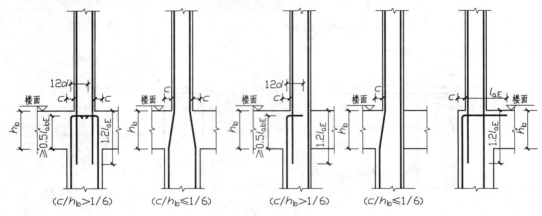

图 3-21 柱变截面位置纵筋构造

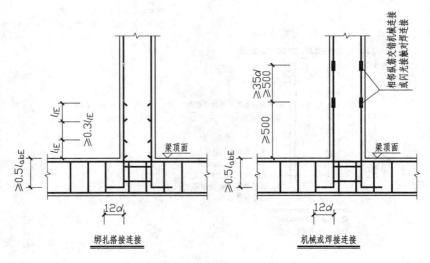

图 3-22 梁上柱（LZ）纵筋构造

三、抗震墙柱（QZ）、梁上柱（LZ）纵向钢筋构造

由于建筑功能与结构的要求，在建筑结构设计中有时需设计抗震墙柱（QZ）与梁上柱（LZ）。其中墙柱是指在剪力墙顶端埋设的柱，而梁上柱是指在梁上面生出的柱子。梁下无柱时，柱端部纵部筋锚入梁内。在设计墙柱和梁上柱时，墙体与梁的平面外方向应设梁，使得柱脚平面外弯矩得以平衡；当梁宽小于柱宽时，应在梁处设置加腋。具体构造要求见图3-22和图3-23。

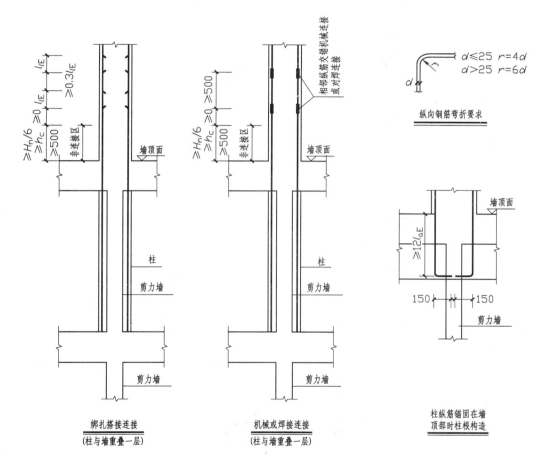

图 3-23　剪力墙上柱（QZ）纵筋构造

四、抗震 KZ、QZ、LZ 箍筋加密区范围

箍筋对混凝土的约束程度是影响框架柱弹塑性变形能力的重要因素之一。从抗震的角度考虑，为增加柱接头搭接整体性以及提高柱承载能力，规范规定了柱加密范围，具体如图3-24所示。

（1）柱端取截面高度或圆柱直径、柱净高的 1/6 和 500mm 三者中的最大值；

（2）底层柱的下端不小于柱净高的 1/3；

（3）刚性地面上下各 500mm；

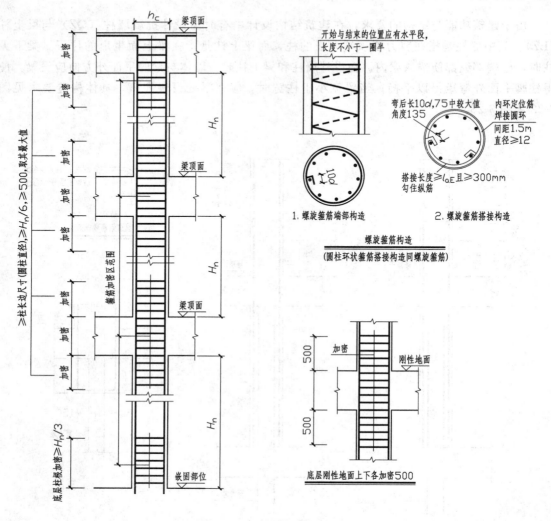

图 3-24

（4）剪跨比不大于 2 的柱、因设置填充墙等形成的柱净高与柱截面高度之比不大于 4 的柱、框支柱、一级和二级框架的角柱，取全高；

（5）当柱在某楼层各向均无梁连接时，计算箍筋加密范围采用的 H_n 按该跃层柱的总净高取用；

（6）墙上起柱，在墙顶面标高以下锚固范围内的柱箍筋按上柱非加密区箍筋要求配置；

（7）梁上起柱在梁内设两道柱箍筋。

实践中，为便于施工时确定柱箍筋加密区的高度，可按表 3-3 查用。但表中数值未包括框架嵌固部位柱根部箍筋加密区范围。

表 3-3 抗震框架柱和小墙肢箍筋加密区高度选用表 　　　　mm

柱净高 Hn/mm	柱截面长边尺寸 hc 或圆柱直径 D/mm																		
	400	450	500	550	600	650	700	750	800	850	900	950	1000	1050	1100	1150	1200	1250	1300
1500																			
1800	500																		
2100	500	500	500																
2400	500	500	500	550															
2700	500	500	500	550	600	650													
3000	500	500	500	550	600	650	700												
3300	550	550	550	550	600	650	700	750	800										
3600	600	600	600	600	600	650	700	750	800	850									
3900	650	650	650	650	650	650	700	750	800	850	900	950							
4200	700	700	700	700	700	700	700	750	800	850	900	950	1000						
4500	750	750	750	750	750	750	750	750	800	850	900	950	1000	1050	1100				
4800	800	800	800	800	800	800	800	800	800	850	900	950	1000	1050	1100	1150			
5100	850	850	850	850	850	850	850	850	850	850	900	950	1000	1050	1100	1150	1200	1250	
5400	900	900	900	900	900	900	900	900	900	900	900	950	1000	1050	1100	1150	1200	1250	1300
5700	950	950	950	950	950	950	950	950	950	950	950	950	1000	1050	1100	1150	1200	1250	1300
6000	1000	1000	1000	1000	1000	1000	1000	1000	1000	1000	1000	1000	1000	1050	1100	1150	1200	1250	1300
6300	1050	1050	1050	1050	1050	1050	1050	1050	1050	1050	1050	1050	1050	1050	1100	1150	1200	1250	1300
6600	1100	1100	1100	1100	1100	1100	1100	1100	1100	1100	1100	1100	1100	1100	1100	1150	1200	1250	1300
6900	1150	1150	1150	1150	1150	1150	1150	1150	1150	1150	1150	1150	1150	1150	1150	1150	1200	1250	1300
7200	1200	1200	1200	1200	1200	1200	1200	1200	1200	1200	1200	1200	1200	1200	1200	1200	1200	1250	1300

注：1. 柱净高（包括因嵌砌填充墙等形成的柱净高）与柱截面长边尺寸或圆柱直径均在此范围时，因已形成 $H_n/h_c \leq 4$ 的短柱，其箍筋沿柱全高加密。
2. 小墙肢即墙肢长度不大于墙厚3倍的剪力墙。

注：1. 底层柱的柱根系指地下室的顶面或无地下室情况的基础顶面；柱根加密区长度应取不小于该层柱净高的1/3；当有刚性地面时，除柱端箍筋加密区外尚应在刚性地面上、下各500mm的高度范围内加密箍筋。
2. 表内数值未包括框架底层柱的柱根部箍筋加密区范围，该部位的箍筋加密要求详见本表尾注。

单项能力实训题

1. 柱截面标注方法有几种？分别为哪几种？
2. 柱平面表示法中列表法与截面表示法有何优缺点？
3. 柱箍筋的形式有几种？分别用在什么情况下？
4. 柱在同一截面内钢筋接头面积百分率对绑扎搭接和机械连接不宜大于多少？对于焊接连接不应大于多少？
5. 柱纵向钢筋直径 $d > 28$ 时不宜采用什么接头？

综合能力实训题

将图 3-25 中柱截面表示的内容用列表法表示。

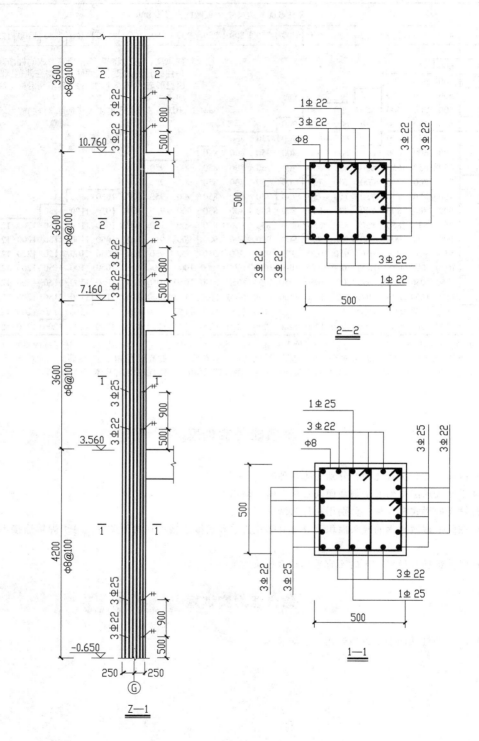

图 3-25

第四章

钢筋混凝土剪力墙施工图平面表示法解读

学习目标

　　本章以平面表示法图集为载体，综合运用建筑力学、建筑结构、建筑构造、施工技术、施工质量和安全管理、施工验收规范等知识，在理解结构平面施工图构成和作用的基础上，掌握剪力墙平法施工图的识读。

能力目标

　　通过本章的学习，能够帮助学习者熟读剪力墙"平法"施工图，能正确理解约束边缘构件和构造边缘构件，并能准确掌握剪力墙中相关构造问题。

第一节　剪力墙的组成

　　剪力墙由剪力墙柱、剪力墙身、剪力墙梁三大部分组成。

一、剪力墙柱

　　根据《建筑抗震设计规范》GB 50011—2010 的规定，剪力墙端部及洞口两侧均要设置边缘构件，剪力墙柱就是边缘构件，剪力墙边缘构件可分为两种，即约束边缘构件和构造边缘构件。边缘构件是剪力墙中很重要的部分，是保证剪力墙具有较好的延性和耗能能力的构件，正确地按要求施工确保构造合理，使剪力墙能正常的工作，方能达到建筑整体结构安全的目的。

　　剪力墙柱类型有暗柱、端柱、翼墙、转角墙（L 形墙）。约束边缘构件如图 4-1 所示，约束边缘构件沿墙肢的长度 l_c 取值要求及其他注意事项如表 4-1，约束边缘构件钢筋用量由计算确定；构造边缘构件如图 4-2 所示，构造边缘构件的截面尺寸取值要求如图 4-2 所示，钢筋用量由构造确定如表 4-2。

表 4-1　约束边缘构件沿墙肢的长度 l_c 及其配箍特征值 λ_v

项　目	一级（9 度）		一级（6、7、8 度）		二、三级	
	$\mu_N \leqslant 0.2$	$\mu_N > 0.2$	$\mu_N \leqslant 0.3$	$\mu_N > 0.3$	$\mu_N \leqslant 0.4$	$\mu_N > 0.4$
l_c（暗柱）	$0.20h_w$	$0.25h_w$	$0.15h_w$	$0.20h_w$	$0.15h_w$	$0.20h_w$
l_c（翼墙或端柱）	$0.15h_w$	$0.20h_w$	$0.10h_w$	$0.15h_w$	$0.10h_w$	$0.15h_w$
λ_v	0.12	0.20	0.12	0.20	0.12	0.20

　　注：1. μ_N 为墙肢在重力荷载代表值作用下的轴压比，h_w 为剪力墙墙肢的长度。

　　2. 剪力墙的翼墙长度小于翼墙厚度的 3 倍或端柱截面边长小于 2 倍墙厚时，按无翼墙、无端柱查表。

　　3. l_c 为约束边缘构件沿墙肢的长度，对暗柱不应小于墙厚和 400mm 的较大值；有端柱或翼墙时，不应小于翼墙厚度或端柱沿墙肢方向截面高度加 300mm。

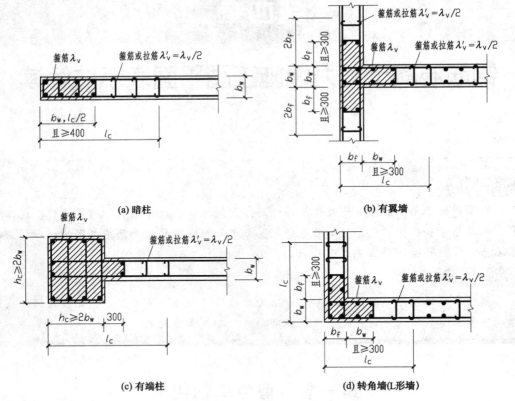

图 4-1　剪力墙的约束边缘构件

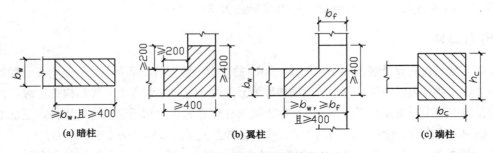

图 4-2　剪力墙的构造边缘构件

表 4-2　剪力墙构造边缘构件的配筋要求

抗震等级	底部加强部位			其他部位		
	纵向钢筋最小量（取较大值）	箍　筋		纵向钢筋最小量（取较大值）	箍　筋	
		最小直径 /mm	最大间距 /mm		最小直径 /mm	最大间距 /mm
一级	$0.010A_c$,6Φ16	8	100	6Φ14	8	150
二级	$0.008A_c$,6Φ14	8	150	6Φ12	8	200
三级	$0.005A_c$,4Φ12	6	150	4Φ12	6	200
四级	$0.005A_c$,4Φ12	6	200	4Φ12	6	250

注：1. A_c 为构造边缘构件的截面面积，即图 4-2 中的阴影面积。

2. 对其他部位，拉筋的水平间距不应大于纵筋间距的 2 倍，转角处宜用箍筋。

3. 当端柱承受集中荷载时，其纵向钢筋、箍筋直径和间距应满足柱的相应要求。

剪力墙柱常用代号详见表 4-3。其中表 4-3（a）是 11G101-1 采用的编号形式，表 4-3（b）是 03G101-1 采用的编号形式，目前在建筑结构施工图中，两种编号形式均在使用。

表 4-3（a） 剪力墙柱编号（用于 11G101-1）

墙柱类型	代 号	序 号	墙柱类型	代 号	序 号
约束边缘构件	YBZ	××	非边缘暗柱	AZ	××
约束边缘构件	YDZ	××	扶壁柱	FBZ	××

表 4-3（b） 剪力墙柱常用代号（用于 03G101-1）

墙柱类型	代 号	墙柱类型	代 号
约束边缘暗柱	YAZ	构造边缘暗柱	GAZ
约束边缘端柱	YDZ	构造边缘翼墙（柱）	GYZ
约束边缘翼墙（柱）	YYZ	构造边缘转角墙（柱）	GJZ
约束边缘转角墙（柱）	YJZ	非边缘暗柱	AZ
构造边缘端柱	GDZ	扶壁柱	FBZ

二、剪力墙身

剪力墙身为约束边缘构件及构造边缘构件以外的墙体部分，剪力墙身常用代号 Q××（×排）。

其中括号中数值表示水平与竖向分布筋的排数，排数为两排时可以不注。

三、剪力墙梁

墙梁有连梁、暗梁、边框梁三种，其中连梁又包括无交叉暗撑及无交叉钢筋的连梁、有交叉暗撑连梁、有交叉钢筋的连梁三种类型。如图 4-3 所示。

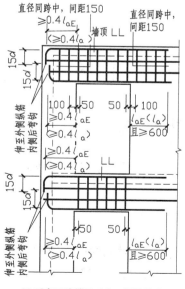

(a) 无交叉暗撑及无交叉钢筋的连梁

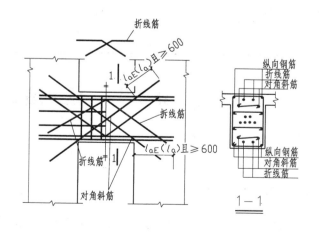

(b) 连梁交叉斜筋配筋构造

图 4-3

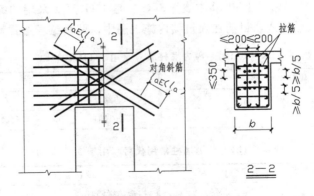

(c) 连梁集中对角斜筋配筋构造

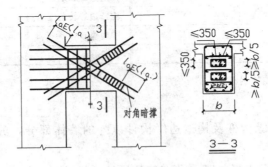

(d) 连梁对角暗撑配筋构造

图 4-3　剪力墙连梁的形式

墙梁常用代号详见表 4-4。

表 4-4　剪力墙梁代号

墙 梁 类 型	代　号	序　号	墙 梁 类 型	代　号	序　号
连梁	LL	××	连梁（集中对角斜筋配筋）	LL(DX)	××
连梁（对角暗撑配筋）	LL(JC)	××	暗梁	AL	××
连梁（交叉斜筋配筋）	LL(JX)	××	边框梁	BKL	××

第二节　剪力墙的平面表示法

剪力墙平法施工图表达方式同样是在剪力墙平面布置图上，采用列表注写或截面注写方式具体表达。

一、列表注写方式

列表注写方式列出剪力墙柱表，剪力墙身表和剪力墙梁表，在对应的剪力墙平面图上编号，用绘制截面配筋图并注写几何尺寸与配筋具体数值的方式表达剪力墙平法施工图（图 4-4）。在剪力墙平法施工图中，还要注明各结构层的楼面标高、结构层高及相应的结构层号。

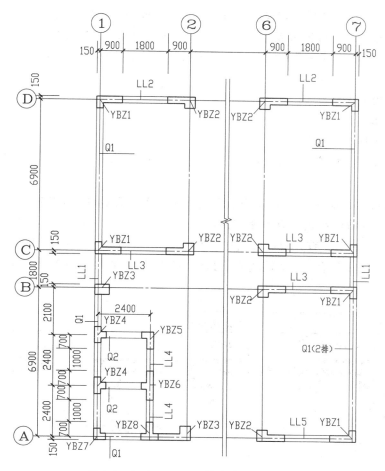

图 4-4 4.470～8.670 剪力墙平法施工图

1. 编号规定

将剪力墙柱（墙柱）、剪力墙身（墙身）、剪力墙梁（墙梁）三类构件分别编号。

① 剪力墙柱编号由剪力墙柱类型代号和序号组成（编号见表 4-3）。

② 剪力墙身编号由墙身代号和序号组成，表达形式为 Q××（×排），其中括号中排数为两排时可以不注。

③ 剪力墙梁编号由墙梁类型代号和序号组成（编号见表 4-4）。

2. 剪力墙柱表内容

① 注写墙柱编号和绘制墙柱的截面配筋图，标注几何尺寸。

② 注写各段墙柱起止标高，自墙柱根部以上变截面位置或截面未变但配筋改变处为界分段注写。墙柱根部标高指基础顶面标高（框支剪力墙结构则为框支梁顶面标高）。

③ 注写纵向钢筋和箍筋，纵向钢筋注总配筋值，墙柱箍筋的注写方式同柱箍筋的注写方式。

3. 剪力墙身表内容

① 注写墙柱编号。

② 注写各段墙身起止标高，自墙身根部以上变截面位置或截面未变但配筋改变处为界

分段注写。墙身根部标高指基础顶面标高（框支剪力墙结构则为框支梁顶面标高）。

③ 水平分布钢筋、竖向分布钢筋和拉结筋。注写数值为一排水平分布钢筋和竖向分布钢筋的规格与间距，具体排数在墙身编号后面表达。拉筋则注明布置方式"双向"或"梅花双向"。

4. 剪力墙梁表内容

① 注写墙梁编号。

② 注写墙梁所在楼层号。

③ 注写墙梁顶面标高高差，指相对于墙梁所在楼层标高的高差值，高于楼层为正值，低于楼层为负值。

④ 注写墙梁截面尺寸 $b \times h$，上部纵筋，下部纵筋和箍筋的具体数值。

例如，某工程结构形式为剪力墙结构，4.470～8.670 标高段剪力墙施工图采用列表注写方式。如图 4-4 所示，首先对剪力墙柱（墙柱）、剪力墙身（墙身）、剪力墙梁（墙梁）做构件编号、定位。然后给出剪力墙柱表，如图 4-5 所示。再列出剪力墙身表（表 4-5）及剪力墙梁表（表 4-6）。

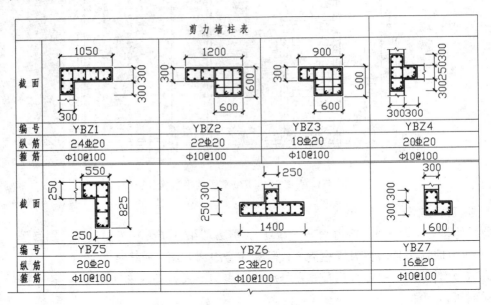

图 4-5　剪力墙柱表

表 4-5　剪力墙身表

编号	墙厚	水平分布筋	垂直分布筋	拉筋（双向）
Q1	300	Φ12@200	Φ12@200	Φ6@600@600
Q2	250	Φ10@200	Φ10@200	Φ6@600@600

表 4-6　剪力墙梁表

编号	梁截面 $b \times h$	上部纵筋	下部纵筋	箍筋
LL1	300×2000	4Φ22	4Φ22	Φ10@100(2)
LL2	300×2520	4Φ22	4Φ22	Φ10@150(2)
LL3	300×2070	4Φ22	4Φ22	Φ10@100(2)
LL4	250×2070	3Φ20	3Φ20	Φ10@120(2)

二、截面注写方式

截面注写方式，是指选用适当比例放大绘制的剪力墙平面布置图，按照表 4-3、表 4-4 编号后，直接注写墙柱、墙身、墙梁的截面尺寸、配筋具体数值并加注几何尺寸，并结合层高表的方式来表达剪力墙平法施工图。

例如，图 4-6 为剪力墙墙柱、墙身、墙梁的截面注写方式，图 4-7 为其相应的结构层标高表，图 4-8 则为其对应的洞口截面注写方式。

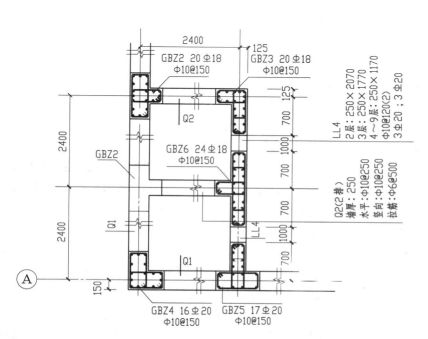

图 4-6　墙柱、墙身、墙梁截面注写方式

层号	标高/m	层高/m
屋面2	65.670	
塔层2	62.370	3.30
屋面1(塔层1)	59.070	3.30
16	55.470	3.60
15	51.870	3.60
14	48.270	3.60
13	44.670	3.60
12	41.070	3.60
11	37.470	3.60
10	33.870	3.60
9	30.270	3.60
8	26.670	3.60
7	23.070	3.60
6	19.470	3.60
5	15.870	3.60
4	12.270	3.60
3	8.670	3.60
2	4.470	4.20
1	-0.030	4.50
-1	-4.530	4.50
-2	-9.030	4.50
层号	标高/m	层高/m

图 4-7　结构层标高、结构层高表

三、剪力墙洞口的表示方法

剪力墙上的洞口一般在剪力墙平面布置图上原位表达。具体表达内容有：

（1）在剪力墙平面布置图上绘制洞口示意，并标注洞口中心的平面定位尺寸。

（2）在洞口中心位置引注：洞口编号、洞口几何尺寸、洞口中心相对标高及洞口每边补强钢筋，共四项内容，如图 4-8 所示。

具体规定为：

1）洞口编号：矩形洞口为 JD×× （×× 为序号），圆形洞口为 YD×× （×× 为序号）。

2）洞口几何尺寸：矩形洞口为洞宽×洞高（$b×h$），圆形洞口为洞口直径 D。

3）洞口中心相对标高：是指相对于结构楼（地）面标高的洞口中心高度。高于结构层楼面时为正值，低于结构层楼面时为负值。

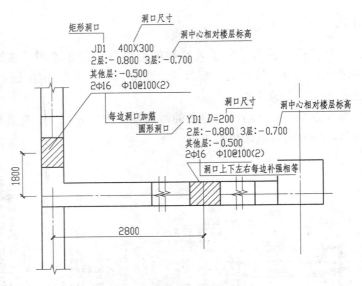

图 4-8　墙洞口截面注写方式

4）洞口每边补强钢筋

① 当矩形洞口的洞宽、洞高均不大于 800 时，注写洞口每边补强钢筋；如果按标准图集设置洞口补强钢筋时，可不注写；当洞宽、洞高方向补强钢筋用量不一致时，则分别注写当洞宽、洞高方向的补强钢筋，以"/"分隔。

例如 1：JD1　400×300　＋2.100　3Φ14 表示 1 号矩形洞口，洞宽 400、洞高 300，洞口中心距本结构层楼面 2100，洞口每边补强钢筋为 3Φ14。

例如 2：JD2　400×300　＋2.100　表示 2 号矩形洞口，洞宽 400、洞高 300，洞口中心距本结构层楼面 2100，洞口每边补强钢筋按标准图集构造设置。

例如 1：JD3　600×300　＋2.100　3Φ18/3Φ14 表示 3 号矩形洞口，洞宽 600、洞高 300，洞口中心距本结构层楼面 2100，洞宽方向补强钢筋为 3Φ18，洞高方向补强钢筋为 3Φ14。

② 当矩形洞口的洞口尺寸或圆形洞口的直径大于 800 时，洞口补强做法一般见结构施工图。

③ 当圆形洞口设置在连梁中部 1/3 范围且圆形洞口的直径不大于连梁高度的 1/3 时，注写洞口上下水平设置的每边补强纵筋与箍筋。当圆形洞口设置在墙身或暗梁、边框梁位置且圆形洞口的直径不大于 300 时，注写洞口上下左右每边布置的补强纵筋用量。

第三节　剪力墙平面表示法注意事项

正确阅读理解剪力墙平法施工图，确保剪力墙构造正确合理按要求施工，方能使剪力墙正常工作，达到结构安全的目的。以下就剪力墙施工图中，常见问题阐述如下。

（1）剪力墙中的竖向分布钢筋和水平分布钢筋与墙中的暗梁中的钢筋应如何摆放？剪力墙中的竖向分布钢筋从暗梁内穿过后，是否需要增加一个保护层的厚度？

通常情况下剪力墙中的水平分布钢筋位于外侧，而竖向分布钢筋位于水平分布钢筋的

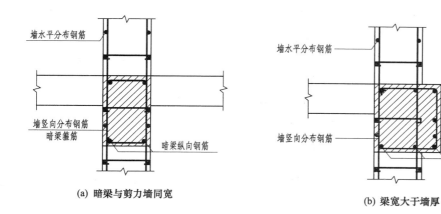

(a) 暗梁与剪力墙同宽

(b) 梁宽大于墙厚

图 4-9　墙中钢筋与暗梁的关系

内侧。

暗梁的宽度与剪力墙的厚度相同时，钢筋的摆放层次（由外层到内侧如图 4-9 所示）如下。

① 剪力墙中的水平分布钢筋在最外侧（第一层），在暗梁高度范围内也应布置剪力墙的水平分布钢筋。

② 剪力墙中的竖向分布钢筋及暗梁中的箍筋，应在水平分布钢筋的内侧（第二层），在水平方向错开放置，不应重叠放置。

③ 暗梁中的纵向钢筋位于剪力墙中竖向分布钢筋和暗梁箍筋的内侧（第三层）。

（2）剪力墙端部有暗柱时，剪力墙水平分布钢筋在暗柱中的位置如何摆放？水平分布钢筋是否要在暗柱中满足锚固长度的要求？

剪力墙的水平分布钢筋与暗柱的箍筋在同一层面上，暗柱的纵向钢筋和墙中的竖向分布钢筋在同一层面上，在水平分布钢筋的内侧。由于暗柱中的箍筋较密，墙中的水平分布钢筋可以伸入暗柱远端纵筋内侧水平弯折后截断。

① 墙水平分布钢筋在暗柱内不需要满足锚固长度要求，只是满足剪力墙与暗柱的连接构造要求。

② 墙水平分布钢筋伸至暗柱远端纵向钢筋的内侧作水平弯折段。

③ 剪力墙与翼墙柱连接时，弯折后的水平长度为 15d；剪力墙与端部连接时，弯折后的水平长度取 10d（如图 4-10）。

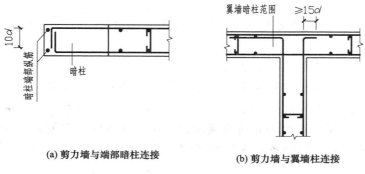

(a) 剪力墙与端部暗柱连接

(b) 剪力墙与翼墙柱连接

图 4-10　剪力墙端部锚固

（3）剪力墙中的竖向分布钢筋在顶层楼板处遇到暗梁或边框梁时，是否可以锚固在暗梁或边框梁内？锚固长度应从哪里开始计算？

根据《建筑抗震设计规范》GB 50011—2010 规定，框架-剪力墙结构的剪力墙在楼层和顶层处应设置边框梁（或暗梁），因此在框架-剪力墙结构中，在楼层和顶层处均设置有边框梁或暗梁。带边框梁柱剪力墙其竖向分布钢筋在楼层贯穿边框梁，在顶层锚固在边框梁内。由于暗梁是剪力墙的一部分，应符合下列要求。

① 剪力墙中的竖向分布钢筋在顶层处，应穿过暗梁或边框梁伸入顶层楼板内并满足锚固长度的要求。

② 剪力墙中的竖向分布钢筋伸入顶层楼板内的连接长度，应从顶层楼板的板底算起，而不是从暗梁的底部算起。

③ 竖向分布钢筋伸入顶层楼板的上部后，再弯折水平段（如图 4-11、图 4-12）。

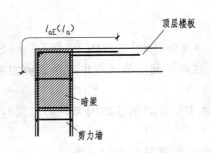

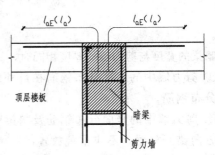

图 4-11　端部剪力墙与顶板连接　　　　　图 4-12　中部剪力墙与顶板连接

（4）剪力墙第一根竖向分布钢筋距边缘构件的距离如何确定？水平分布钢筋距结构地面的距离应为多少？

在剪力墙的端部或洞口边都设有边缘构件（约束边缘构件或构造边缘构件），当边缘构件是暗柱或翼墙柱时，它们是剪力墙的一部分，不能作为单独构件来考虑。剪力墙中第一根竖向分布钢筋的设置位置应根据间距整体安排后，将排布后的最小间距放在靠边缘构件处。有端柱的剪力墙，竖向分布钢筋按墙设计间距摆放后，第一根钢筋距端柱近边的距离不大于 100mm。剪力墙的水平分布钢筋，应按设计要求的间距排布，根据整体排布后第一根水平分布钢筋距楼板的上、下结构面（基础顶面）的距离不大于 100mm。也可以从基础顶面开始连续排布水平分布钢筋。注意楼板负筋位置宜布置剪力墙内水平分布钢筋，以确保楼板负筋的正确位置（如图 4-13、图 4-14）。

（5）剪力墙外侧水平分布钢筋为何不可以在阳角处搭接，而要在暗柱以外的位置进行搭接？

在剪力墙的端部和转角处一般都设有端柱或者暗柱，暗柱的箍筋都设置加密，当剪力墙厚度较薄时，此处钢筋比较密集，剪力墙的水平分布钢筋在阳角处搭接，暗柱处的钢筋会更密集，使混凝土与钢筋之间不能够很好地形成"握裹力"，"握裹力"的不足使两种材料不能共同工作，致使该处的承载能力下降，建筑结构的整体安全受到影响。外侧的水平分布钢筋在暗柱以外搭接会给施工增加一定的难度，但是对结构的整体安全是有好处的。

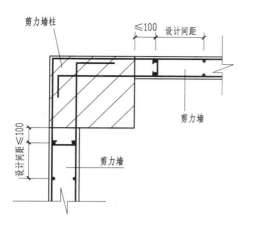

图 4-13　遇端柱时的摆放位置

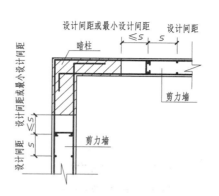

图 4-14　遇暗柱时的摆放位置

当剪力墙较厚时，剪力墙的水平分布钢筋可在阳角处搭接。剪力墙的外侧水平分布钢筋当墙较薄时宜避开阳角处，在暗柱以外的位置搭接，上、下层应错开搭接，水平间隔不小于 500mm。正交剪力墙内侧水平分布钢筋应伸至暗柱的远端，在暗柱的纵向钢筋内侧做水平弯折，弯折后的水平段要满足不小于 $15d$（如图 4-15）。非正交剪力墙外侧水平分布钢筋的搭接位置同正交剪力墙，内侧的水平分布钢筋应伸至剪力墙的远端，在墙竖向钢筋的内侧水平弯折，使总长度满足锚固长度 $l_{aE}(l_a)$ 的要求（如图 4-16）。

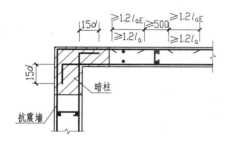

图 4-15　正交剪力墙水平分布钢筋连接

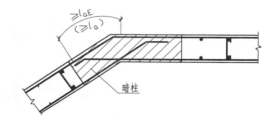

图 4-16　非正交剪力墙水平分布钢筋连接

单项能力实训题

1. 某剪力墙端柱 600mm×600mm，截面注写法中标注为 12 ⨎ 22、Φ 10@100/200，请解释其表达的内容？

2. 某剪力墙墙身传统配筋图如图 4-17，试将该图表示成平面表示法中列表注写方式及截面注写方式。

3. 某剪力墙连梁传统配筋图如图 4-18，试将该图表示成平面表示法中列表注写方式及截面注写方式。

综合能力实训题

试将图 4-19 的表示方法，表达成传统配筋的形式。

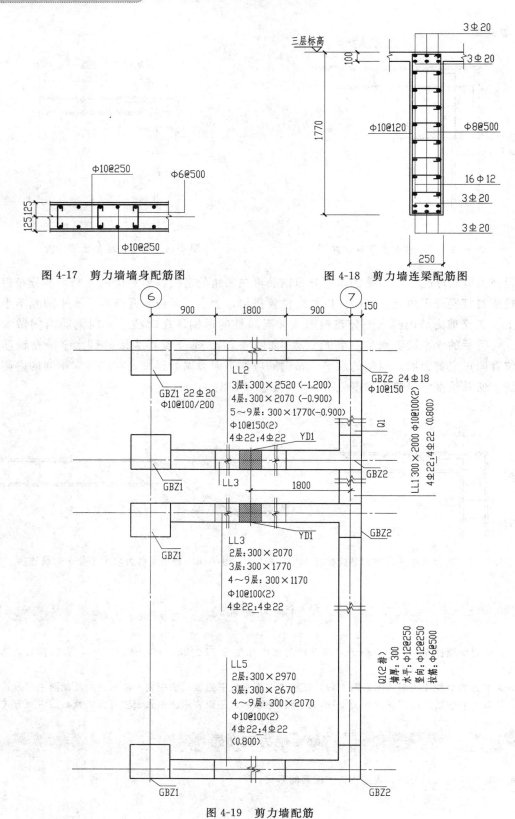

图 4-17　剪力墙墙身配筋图

图 4-18　剪力墙连梁配筋图

图 4-19　剪力墙配筋

钢筋混凝土基础施工图平面表示法解读

第一节　独立基础的平面表示法

一、独立基础的制图规则及平面表示

　　独立基础平法施工图，有平面注写与截面注写两种表达方式，设计者可根据具体工程情况选择一种，或两种方式相结合进行独立基础的施工图设计。

　　在独立基础平面布置图上应标注基础定位尺寸，当独立基础的柱中心线或杯口中心线与建筑轴线不重合时，应标注其偏心尺寸。编号相同且定位尺寸相同的基础，可仅选择一个进行标注。对于设置基础的连梁，可根据图面的疏密情况，将基础连梁与基础平面布置图一起绘制，或将基础连梁布置图单独绘制。

　　1. 独立基础编号（见表 5-1）

表 5-1　独立基础编号

类　型	基础底板截面形状	代　号	序　号	说　　明
普通独立基础	阶形	DJ_J	××	1. 单阶截面即为平板独立基础 2. 坡形截面基础底板可为四坡、双坡及单坡
普通独立基础	坡形	DJ_P	××	
杯口独立基础	阶形	BJ_J	××	
杯口独立基础	坡形	BJ_P	××	

　　2. 独立基础的平面注写方式

　　独立基础的平面注写方式分为集中标注和原位标注两部分内容。独立基础的集中标注是

在基础平面图上集中引注基础编号、截面竖向尺寸、配筋三项必注内容，当基础底面标高与基础底面基准标高不同时，再标出相对标高高差和必要的文字注解两项选注内容。如图 5-1 所示。

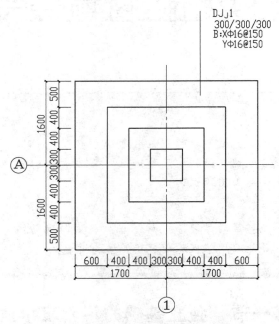

图 5-1　阶梯形独立基础平面注写图例

独立基础集中标注的具体内容，规定如下。

（1）注写独立基础编号（必注内容），见表 5-1。

独立基础底板的截面形状通常有以下两种。

① 阶形截面编号加下标"J"，如 $DJ_J \times \times$、$BJ_J \times \times$；

② 坡形截面编号加下标"P"，如 $DJ_P \times \times$、$BJ_P \times \times$。

（2）注写独立基础截面竖向尺寸（必注内容），如图 5-1 所示。普通独立基础竖向尺寸由下而上注写，各阶尺寸线用"/"分开。如图 5-1 所标注的竖向尺寸为 300/300/300，表示该独立基础由三阶构成，每阶高度为 300，基础底板总厚度为 900mm。

原位标注主要标注独立基础的平面尺寸，以 x、y，x_c、y_c（或圆柱直径 d_c），x_i、y_i，$i=1$，2，3…来代表。其中，x、y 为普通独立基础两向边长，x_c、y_c 为柱截面尺寸，x_i、y_i 为阶宽或坡形平面尺寸。

（3）配筋以 B 代表各种独立基础底板的底部配筋。X 向配筋以 X 打头、Y 向配筋以 Y 打头注写；当两方向配筋相同时，则以 X&Y 打头注写。当圆形独立基础采用双向正交配筋时，以 X&Y 打头注写；当采用放射状配筋时以 Rs 打头，先注写径向受力钢筋（间距以径向排列钢筋的最外端度量），并在"/"后注写环向配筋。

（4）注写基础底面相对标高高差（选注内容）。当独立基础的底面标高与基础底面基准标高不同时，应将独立基础底面相对标高高差注写在"（　　　）"内。

（5）必要的文字注解（选注内容）。当独立基础的设计有特殊要求时，宜增加必要的文字注解。例如，基础底板配筋长度是否采用减短方式等，可在该项内注明。

独立基础的原位标注，是在基础平面布置图上标注独立基础的平面尺寸。对相同编号的基础，可选择一个进行原位标注，当平面图形较小时，可将所选定进行原位标注的基础按双比例适当放大，其他相同编号者仅注写编号。

3. 独立基础的截面注写方式

独立基础的截面注写方式，又可分为截面标注和列表注写（结合截面示意图）两种表达方式。采用截面注写方式，应在基础平面布置图上对所有基础进行编号，见表 5-1。对单个基础进行截面标注的内容和形式，与传统的表达方式相同。对多个同类基础，可采用列表注写（结合截面示意图）的方式进行集中表达。表中内容为基础截面的几何数据和配筋等，在截面示意图上应标注与表中栏目相对应的代号。列表的具体内容规定如表 5-2。

表 5-2　普通独立基础几何尺寸和配筋表

基础编号/截面号	截面几何尺寸				底部配筋（B）	
	x、y	x_c、y_c	x_i、y_i	h_1/h_2	X 向	Y 向

注：表可根据实际情况增加栏目。例如，当基础底面标高与基础底面基准标高不同时加注相对标高高差；再如，当为双柱独立基础时，加注基础顶部配筋或基础梁几何尺寸和配筋等。

二、独立基础底板配筋构造

1. 单柱独立基础底板配筋构造（图 5-2）

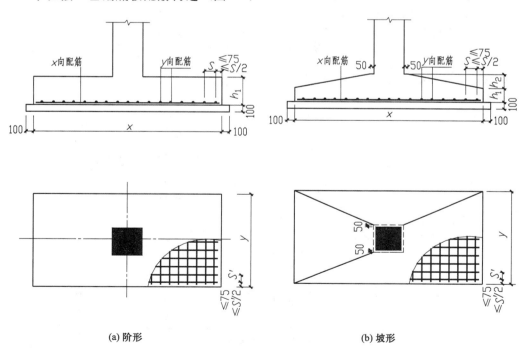

(a) 阶形　　　　　　　　　　(b) 坡形

图 5-2　单柱独立基础底板配筋构造

注：1. 独立基础底板配筋构造适用于普通独立基础和杯口独立基础。

2. 几何尺寸和配筋按具体结构设计和构造规定。

3. 独立基础底板双向交叉钢筋长向设置在下，短向设置在上。

2. 双柱普通独立基础底板配筋构造（图 5-3）

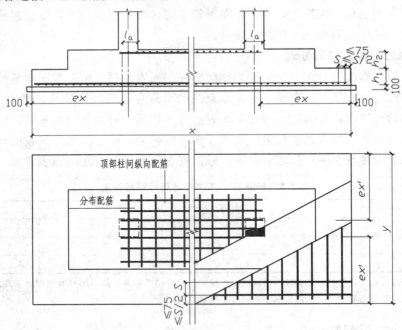

图 5-3　双柱普通独立基础配筋构造

注：1. 双柱普通独立基础底板的截面形状，可为阶形截面 DJ$_J$ 或坡形截面 DJ$_p$。

2. 几何尺寸和配筋按具体结构设计和构造规定。

3. 双柱普通独立基础底部双向交叉钢筋，根据基础两个方向从柱外缘至基础外缘的延伸长度。ex 和 ex′ 的大小，较大者方向的钢筋设置在下，较小者方向的钢筋设置在上。

3. 对称独立基础底板配筋长度减短 10% 构造（图 5-4）

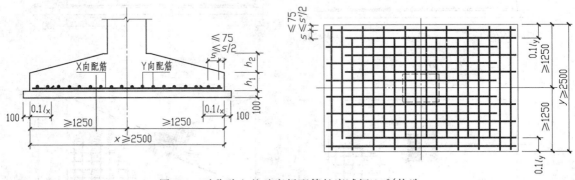

图 5-4　对称独立基础底板配筋长度减短 10% 构造

注：当独立基础底板长度≥2500mm 时，除外侧钢筋外，底板配筋长度可减短 10% 配置。

第二节　条形基础的平面表示法

一、条形基础的制图规则及平面表示

条形基础平法施工图，有平面注写与截面注写两种表达方式，设计者可根据具体工程情况选择一种，或将两种方式相结合进行条形基础的施工图设计。当基础梁中心或板式条形基础板中心与建筑定位轴线不重合时，应标注其偏心尺寸，对于编号相同的条形基础，可仅选择一个进行标注。

条形基础整体上可分为两类，一类是梁板式条形基础。该类条形基础适用于钢筋混凝土框架结构、框架-剪力墙结构、框支结构和钢结构。平法施工图将梁板式条形基础分解为基础梁和条形基础底板分别进行表达。另一类是板式条形基础。该类条形基础适用于钢筋混凝土剪力墙结构和砌体结构。平法施工图仅表达条形基础底板。

1. 条形基础编号

条形基础编号分为基础梁和条形基础底板编号，分别按表 5-3 和表 5-4 的规定进行编号。

表 5-3　条形基础梁编号

类　型	代　号	序　号	跨数及有无外伸
基础梁	JL	××	（××）端部无外伸 （××A）一端有外伸 （××B）两端有外伸

表 5-4　条形基础底板编号

类　型	基础底板截面形状	代　号	序　号	跨数及有无外伸
条形基础底板	坡形	TJB_P	××	（××）端部无外伸 （××A）一端有外伸 （××B）两端有外伸
	阶形	TJB_J	××	

2. 条形基础的平面注写方式

（1）条形基础梁的平面注写方式

条形基础梁 JL 的平面注写方式，分集中标注和原位标注两部分内容。

基础梁的集中标注内容为基础梁编号、截面尺寸、配筋三项必注内容，以及当基础梁底面标高与基础底面基准标高不同时的相对标高高差和必要的文字注解两项选注内容。

① 注写基础梁编号（必注内容），见表 5-3。

② 注写基础梁截面尺寸（必注内容）。注写 $b×h$，表示梁截面宽度与高度。当为加腋梁时，用 $b×h$ $Yc_1×Yc_2$ 表示，其中 c_1 为腋长，c_2 为腋高。

③ 注写基础梁配筋（必注内容）。

注写基础梁底部、顶部及侧面纵向钢筋：以 B 打头，注写梁底部贯通纵筋（不应少于梁底部受力钢筋总截面面积的 1/3）。当跨中所注根数少于箍筋肢数时，需要在跨中增设梁底部架立筋以固定箍筋，采用"＋"将贯通纵筋与架立筋相连，架立筋注写在加号后面的括号内。以 T 打头，注写梁顶部贯通纵筋。一般用"；"将底部贯通纵筋与顶部贯通纵筋隔开。

当梁底部或顶部贯通纵筋多于一排时，用"/"将各排纵筋自上而下分开，同梁的平面注写方式。

注写基础梁箍筋：当基础梁采用一种箍筋间距时，只注写钢筋级别、直径、间距及肢数；当基础梁采用两种箍筋时，用斜线"/"分隔不同箍筋，按照从基础梁两端向跨中的顺序注写，先注写第 1 段箍筋（在前面加注箍筋道数），在斜线后注写第 2 段箍筋（不再加注箍筋道数）。

例如：9ϕ16@100/16@150（6），表示配置两种 HRB335 级箍筋，直径为 ϕ16，从梁两端起向跨内按间距 100 设置 9 道，梁其余部位的间距为 200，均为 6 肢箍。

【注意】 两向基础梁相交的柱下区域，应有一向截面较高的基础梁按梁端箍筋贯通设置，当两向基础梁截面高度相同时，任选一向基础梁箍筋贯通设置。

④ 注写基础梁底面相对标高高差（选注内容）。当条形基础的底面标高与基础底面基准标高不同时，将条形基础底面相对标高高差注写在"（　　　）"内。

⑤ 以大写字母 G 或 N 打头注写梁两侧面对称配置的纵向钢筋的总配筋量。

⑥ 必要的文字注解（选注内容）。

条形基础梁的平面注写方式见示意图 5-5。

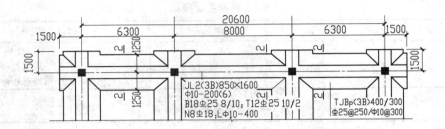

图 5-5　基础梁的平面注写方式图例

当基础梁的设计有特殊要求时，宜增加必要的文字注解。

（2）条形基础底板的平面注写方式

条形基础底板 TJB$_P$、TJB$_J$ 的平面注写方式，分集中标注和原位标注两部分内容。条形基础底板的集中标注内容为条形基础底板编号、截面竖向尺寸、配筋三项必注内容，以及条形基础底板底面相对标高高差、必要的文字注解两项选注内容。素混凝土条形基础底板的集中标注，除无底板配筋内容外，其形式、内容与钢筋混凝土条形基础底板相同。

① 注写条形基础底板编号（必注内容），见表5-4。

② 注写条形基础底板截面竖向尺寸（必注内容）当条形基础底板为坡形截面时，注写为 h_1/h_2（自下而上注写），见图5-6。

③ 注写条形基础底板底部横向受力配筋（必注内容）以 B 打头，注写条形基础底板顶部的横向受力钢

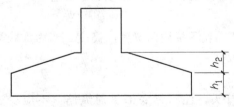

图 5-6　条形基础底板坡形截面竖向尺寸

筋（必注内容）以 T 打头，注写时，用"/"分隔条形基础底板的横向受力钢筋与构造配筋。

当在条形基础底板上集中标注的某项内容，如底板截面竖向尺寸、底板配筋、底板底面相对标高高差等，不适用于条形基础底板的某跨或某外伸部分时，可将其修正内容原位标注在该跨板或该板外伸部位，施工时"原位标注取值优先"。

3. 条形基础的截面注写方式

条形基础的截面注写方式，又可分为截面标注和列表注写（结合截面示意图）两种表达方式。采用截面注写方式，与传统的"单构件正投影表示方法"基本相同，见图5-7，对多

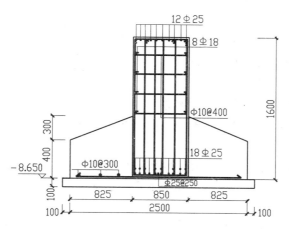

图 5-7 基础梁的截面注写方式图例

个条形基础可采用列表注写（结合截面示意图）的方式是进行表达，见表5-5、表5-6。

表 5-5 条形基础梁几何尺寸和配筋表

基础梁编号/ 截面号	截面几何尺寸		配筋	
	$B \times h$	加腋 $c_1 \times c_2$	底部贯通纵筋＋非 贯通纵筋,顶部贯通纵筋	第一种箍筋/ 第二种箍筋

表 5-6 条形基础底板几何尺寸和配筋表

基础底板编号/ 截面号	截面几何尺寸			底部配筋（B）	
	b	B_i	h_1/h_2	横向受力钢筋	纵向构造钢筋

注：表可根据实际情况增加栏目。如增加上部配筋,基础底板底面标高相对标高高差等。

二、基础梁构造要求

1. 基础梁纵向钢筋与箍筋构造（图 5-8、图 5-9）

顶部贯通纵筋在其连接区内搭接、机械连接或焊接。同一连接区段内接头面积百分率不宜大于50%,当钢筋长度可穿过连接区到下一连接区并满足连接要求时,宜穿越设置。

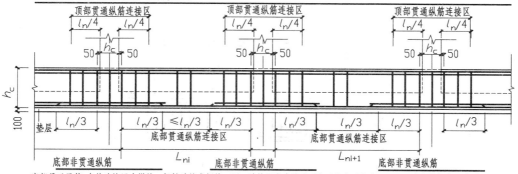

底部贯通纵筋,在其连接区内搭接、机械连接或焊接。同一连接区段内接头面积百分率不应大于50%,当钢筋长度可穿过连接区到下一连接区并满足连接要求时,宜穿越设置

图 5-8 基础梁纵向钢筋与箍筋构造

阅读图 5-8 应注意：

（1）图中 l_n 为相邻两跨的较大值。

（2）下部非通长筋伸入跨内的长度为 $l_n/3$（l_n 为支座两侧最大跨的净跨度值）；

（3）节点区内的箍筋按梁端箍筋设置；

（4）梁端第一个箍筋距支座边的距离为 50mm；

（5）当纵筋采用搭接，在搭接区域内的箍筋间距取 $5d$、100mm 的最小值，其中 d 为纵筋的最小直径。

（6）不同配置的底部通长筋，应在两相邻跨中配置较小一跨的跨中连接区域连接；

（7）当底部筋多于两排时，从第三排起非通长筋伸入跨内的长度由设计注明。

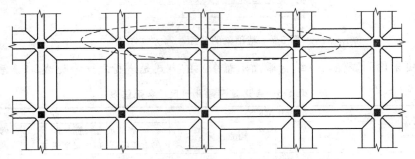

图 5-9　条形基础 JL 和 TJB_P，局部平面布置图示意

2. 基础梁端部构造（图 5-10～图 5-12）

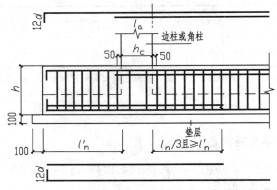

图 5-10　端部等截面外伸构造

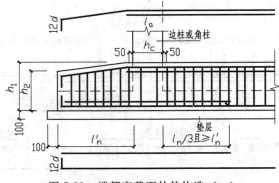

图 5-11　端部变截面外伸构造（一）

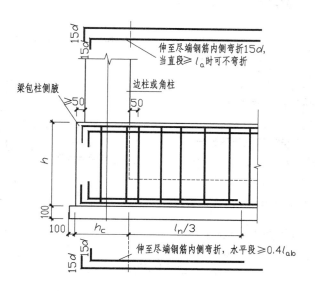

图 5-12　端部无外伸构造

3. 基础梁与柱结合部构造（图 5-13～图 5-15）

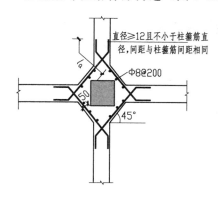

图 5-13　十字交叉基础梁与柱结合部侧腋构造
（各边侧腋宽出尺寸与配筋均相同）

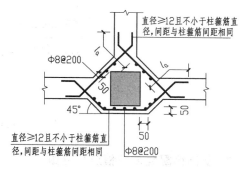

图 5-14　丁字交叉基础梁与柱结合部侧腋构造
（各边侧腋宽出尺寸与配筋均相同）

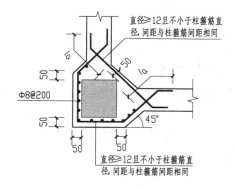

图 5-15　无外伸基础梁与角柱结合部侧腋构造

4. 基础梁梁底不平钢筋构造（图 5-16～图 5-18）

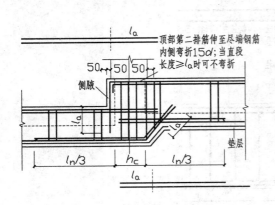

图 5-16　梁顶、梁底均有高差钢筋构造图（一）

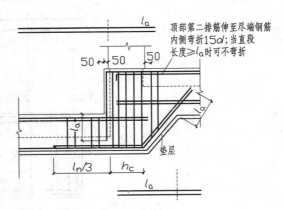

图 5-17　梁顶、梁底均有高差钢筋构造图（二）

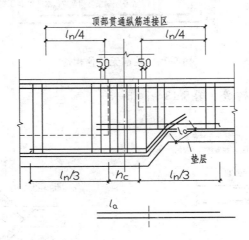

图 5-18　梁底有高差钢筋构造图

5. 基础梁配置多种箍筋构造图（图 5-19）

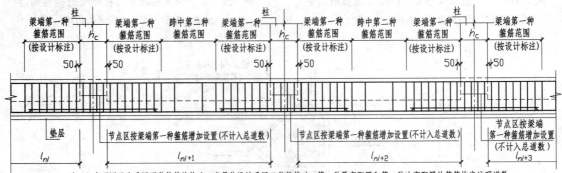

注：1. 本页图示为采用两种箍筋的构造，当具体设计采用三种箍筋时，第一种最高配置和第二种次高配置的箍筋均应注明道数，从梁跨两端向跨中分别依序设置。应注意在柱与基础梁结合的节点区按第一种箍筋增加设置，但不计入该种箍筋的总道数。第三种箍筋设置在跨中范围。

　　2. l_{ni} 为基础梁本跨净跨值。

　　3. 当具体设计未注明时，基础梁的外伸部位以及基础梁端部节点内按第一种箍筋设置。

图 5-19　基础梁配置多种箍筋构造图

6. 基础梁附加箍筋、吊筋构造图（图5-20、图5-21）

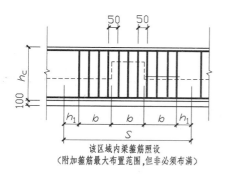

图 5-20　附加箍筋构造图

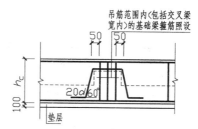

注：1.吊筋高度应根据基础梁高度推算。
　　2.吊筋顶部平直段与基础梁顶部纵筋净距应
　　　满足规范要求,当空间不足时应置于下一排。

图 5-21　附加（反扣）吊筋构造图

7. 基础梁侧面构造纵筋和拉筋构造图（图5-22）

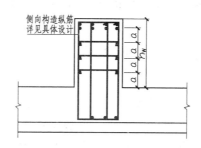

图 5-22　基础梁侧面构造纵筋和拉筋构造（$a\leqslant200$）

8. 条形基础底板钢筋构造图（5-23）

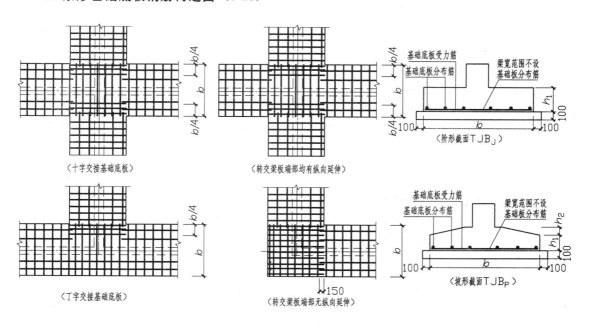

图 5-23　条形基础底板钢筋构造

9. 条形基础底板板底不平构造图（图 5-24）

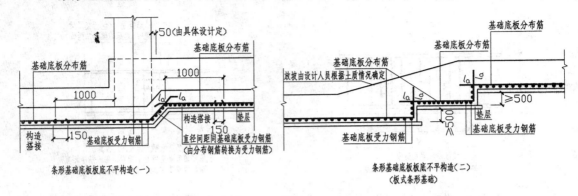

条形基础底板板底不平构造（一）

条形基础底板板底不平构造（二）
（板式条形基础）

图 5-24　条形基础底板板底不平构造

第三节　筏形基础的平面表示法

一、梁板式筏形基础的制图规则及平面表示

1. 梁板式筏形基础的分类

梁板式筏形基础分为高板位梁板式筏基、低板位梁板式筏基和中板位梁板式筏基，高板位梁板式筏基是指梁与板顶面一平的筏形基础，低板位梁板式筏基是指梁与板底面一平的筏形基础，中板位梁板式筏基是指板底面、顶面与梁底面、顶面均不平的筏形基础。

2. 梁板式筏形基础构件的类型及编号（表 5-7）

表 5-7　梁板式筏形基础构件编号

构件类型	代　号	序　号	跨数及有否外伸
基础主梁（柱下）	JL JZL（原 04G101-3）	××	（××）或（××A）或（××B）
基础次梁	JCL	××	（××）或（××A）或（××B）
梁板筏基础平板	LPB	××	

注：1.（××A）为一端有外伸，（××B）为两端有外伸，外伸不计入跨数。例　JZL7（5B）表示第 7 号基础主梁，5 跨，两端有外伸。

2. 对于梁板式筏形基础平板，其跨数及是否有外伸分别在 X、Y 两向的贯通纵筋之后表达。图面从左至右为 X 向，从下至上为 Y 向。

3. 基础主梁与基础次梁的标注

基础主梁 JL（JZL）与基础次梁 JCL 的平面注写，分集中标注与原位标注两部分内容。基础主梁 JL（JZL）与基础次梁 JCL 的集中标注，应在第一跨（X 向为左端跨，Y 向为下端跨）引出，规定如下。

（1）注写基础梁的编号　见表 5-7。

（2）注写基础梁的截面尺寸　以 $b×h$ 表示梁截面宽度与高度；当为加腋梁时，用 $b×h$ Y $c_1×c_2$ 表示，其中 c_1 为腋长，c_2 为腋高。

（3）注写基础梁的箍筋

① 当具体设计采用一种箍筋间距时，仅需注写钢筋级别，直径、间距与肢数（写在括号内）即可。

② 当具体设计采用两种或三种箍筋间距时，先注写梁两端的第一种或第一、二种箍筋，并在前面加注箍筋道数；再依次注写跨中部的第二种或第三种箍筋（不需加注箍筋道数）；不同箍筋配置用斜线"/"相分隔。

【注意】　两向基础梁相交的柱下区域，应有一向截面较高的基础梁按梁端箍筋贯通设置，当两向基础梁截面高度相同时，任选一向基础梁箍筋贯通设置。

（4）注写基础梁的纵筋

① 以 B 打头，注写梁底部贯通纵筋（不应少于梁底部受力钢筋总截面面积的 1/3）。当跨中所注根数少于箍筋肢数时，需要在跨中增设梁底部架立筋以固定箍筋，采用"＋"将贯通纵筋与架立筋相联，架立筋注写在加号后面的括号内。

② 以 T 打头，注写梁顶部贯通纵筋。一般用";"将底部贯通纵筋与顶部贯通纵筋隔开。

当梁底部或顶部贯通纵筋多于一排时，用"/"将各排纵筋自上而下分开，同梁的平面注写方式。

③ 以大写字母 G 或 N 打头注写梁两侧面对称配置的纵向钢筋的总配筋量。

④ 注写基础梁底面相对标高高差（选注内容）。该标高高差指筏形基础梁与筏形基础平板底面标高的高差值（如"高板位"与"中板位"基础梁的底面与基础平板底面标高的高差值），将该相对标高高差注写在"（　　　）"内，无高差时不注（如"底板位"筏形基础的基础梁）。

4. 基础主梁与基础次梁标注说明（表 5-8）

表 5-8　基础主梁与基础次梁标注说明

集中标注说明（集中标注应在第一跨引出）

注 写 形 式	表 达 内 容	附 加 说 明
JZL××(×B)或 JCL××(×B)	基础主梁 JZL 或基础次梁 JCL 编号，具体包括：代号、序号（跨数及外伸状况）	(×A)：一端有外伸；(×B)：两端均有外伸；无外伸则仅注跨数(×)
$b \times h$	截面尺寸，梁宽×梁高	当加腋时，用 $b \times h$　$Yc_1 \times c_2$ 表示，其中 c_1 为腋长，c_2 为腋高
××Φ××@×××/×××(×)	箍筋道数、强度等级、直径、第一种间距/第二种间距、(肢数)	Φ—HPB300，Φ—HRB335 Φ—HRB400，$Φ^R$—RRB400，下同
B×Φ××;T×Φ××	底部(B)贯通纵筋根数，强度等级，直径；顶部（T）贯通纵筋根数，强度等级，直径	底部纵筋应有不少于 1/3 贯通全跨 顶部纵筋全部连通
G×Φ××	梁侧面纵向构造钢筋根数、强度等级、直径	为梁两个侧面构造纵筋的总根数
(××××)	梁底面相对于基准标高的高差	高者前加＋号，低者前加一号，无高差不注

原位标注(含贯通筋)的说明

注 写 形 式	表 达 内 容	附 加 说 明
×Φ×× ×/×	基础主梁柱下与基础次梁支座区域底部纵筋根数、强度等级、直径,以及用"/"分隔的各排筋根数	为该区域底部包括贯通筋与非贯通筋在内的全部纵筋
×Φ××	附加箍筋总根数(两侧均分)、强度等级、直径	在主次梁相交处的主梁上引出
其他原位标注	某部位与集中标注不同的内容	一经原位标注,原位标注取值优先

注:相同的基础主梁或次梁只标注一根,其他仅注编号,有关标注的其他规定详见制图规则。在基础梁相交处位于同一层面的纵筋相交叉时,设计应注明何梁纵筋在下,何梁纵筋在上。

5. 梁板式筏形基础平板标注说明 (表 5-9)

表 5-9 梁板式筏形基础平板标注说明

集中标注说明(集中标注应在双向均为第一跨引出)

注 写 形 式	表 达 内 容	附 加 说 明
LPB××	基础平板编号,包括代号和序号	为梁板式基础的基础平板
$h=××××$	基础平板厚度	

X:BΦ××@×××;
  TΦ××@×××;(×、×A、×B)
Y:BΦ××@×××;
  TΦ××@×××;(×、×A、×B)
	X向底部与顶部贯通纵筋强度等级、直径、间距,(总长度;跨数及有无外伸)
	
	Y向底部与顶部贯通箍筋强度等级、直径、间距,(总长度;跨数及有无外伸)
		底部纵筋应有不少于1/3贯通全跨,注意与非贯通纵筋组合设置的具体要求,详见制图规则,顶部纵筋应全跨贯通,用"B"引导底部贯通纵筋,用"T"引导顶部贯通纵筋,(×A):一端有外伸;(×B):两端均有外伸;无外伸则仅注跨数(×)。图面从左至右为X向,从下至为Y向

板底部附加非贯通筋的原位标注说明(原位标注应在基础梁下相同配筋跨的第一跨下注写)

注 写 形 式	表 达 内 容	附 加 说 明

⊗Φ××@×××(×、×A、×B)
        ××××
    基础梁
	底部附加非贯通纵筋编号、强度等级、直径、间距,(相同配筋横向布置的跨数及有无布置到外伸部位);自梁中心线分别向两边跨内的延伸长度值	当向两侧对称延伸时,可只在一侧注延伸长度值,外伸部位一侧的延伸长度与方式按标准构造,设计不注,相同非贯通纵筋可只注写一处,其他仅在中粗虚线上注写编号,与贯通纵筋组合设置时的具体要求详见相应制图规则

修正内容原位注写	某部位与集中标注不同的内容	一经原位注写,原位标注的修正内容取值优先

二、平板式筏形基础的制图规则及平面表示

1. 平板式筏形基础平板标注说明（表5-10）

表5-10 平板式筏形基础平板标注说明

集中标注说明（集中标注应在双向均为第一跨引出）

注 写 形 式	表 达 内 容	附 加 说 明
BPB××	基础平板编号，包括代号和序号	为平板式基础的基础平板
$h=××××$	基础平板厚度	
X：Bϕ××@×××； Tϕ××@×××；（×、×A、×B） Y：Bϕ××@×××； Tϕ××@×××；（×、×A、×B）	X向底部与顶部贯通纵筋强度等级、直径、间距，（总长度；跨数及有无外伸） Y向底部与顶部贯通纵筋强度等级、直径、间距，（总长度；跨数及有无外伸）	底部纵筋应有不少于1/3贯通全跨，注意与非贯通纵筋组合设置的具体要求，详见制图规则，顶部纵筋应全跨贯通，用"B"引导底部贯通纵筋，用"T"引导奇峰部贯通纵筋。（×A）：一端有外伸；（×B）：两端均有外伸；无外伸时仅注跨数（×）。图面从左至右为X向，从下至上为Y向

板底部附加非贯通筋的原位标注说明（原位标注应在基础梁下相同配筋跨的第一跨下注写）

注 写 形 式	表 达 内 容	附 加 说 明
⊗$\underline{\phi×× @×××(×,×A,×B)}$ 　　　　　×××× ├── 柱中线	底部附加非贯通纵筋编号、强度等级、直径、间距，（相同配筋横向布置的跨数及是否布置到外伸部位）；自梁中心线分别向两边跨内的延伸长度值	当向两侧对称延伸时，可只在一侧注延伸长度值。外伸部位一侧的延伸长度与方式按标准构造，设计不注。相同非贯通纵筋可只注写一处，其他仅在中粗虚线上注写编号。与贯通纵筋组合设置时的具体要求详见相应制图规则
修正内容原位注写	某部位与集中标注不同的内容	一经原位注写，原位标注的修正内容取值优先

2. 平板式筏形基础的其他标注内容

① 当在基础平板周边侧面设置纵向构造钢筋时，应在图中注明。

② 应注明基础平板边缘的封边方式与配筋。

③ 当基础平板外伸变截面高度时，注明外伸部位的 h_1/h_2，h_1 为板根部截面高度，h_2 为板尽端截面高度。

④ 当基础平板厚度＞2m时，应注明设置在基础平板中部的水平构造钢筋网。

⑤ 当在板中采用拉筋时，注明拉筋的配置及布置方式（双向或梅花双向）。

3. 柱下板带及跨中板带标注说明（表5-11）

表5-11 柱下板带及跨中板带标注说明

集中标注说明（集中标注应在第一跨引出）

注 写 形 式	表 达 内 容	附 加 说 明
ZXB××（×B）或 KZB××（×B）	柱下板带或跨中板带编号，具体包括：代号、序号、（跨数及外伸状况）	（×A）：一端有外伸；（×B）：两端均有外伸；无外伸则仅注跨数（×）
$b=××××$	板带宽度（在图注中应注明板厚）	板带宽度取值与设置部位应符合规范要求
Bϕ××@×××； Tϕ××@×××	底部贯通纵筋强度等级、直径、间距；顶部贯通纵筋强度等级、直径、间距	底部纵筋应有不少于1/3贯通全跨，注意与非贯通纵筋组合设置的具体要求，详见制图规则

板底部附加非贯通纵筋原位标注说明

注 写 形 式	表 达 内 容	附 加 说 明
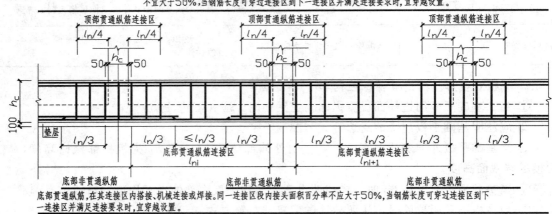	底部非贯通纵筋编号、强度等级、直径、间距;自柱中线分别向两边跨内的延伸长度值	同一板带中其他相同非贯通纵筋可仅在中粗虚线上注写编号。向两侧对称延伸时,可只在一侧注延伸长度值。向外伸部位的延伸长度与方式按标准构造,设计不注。与贯通纵筋组合设置时的具体要求详见相应制图规则
修正内容原位注写	某部位与集中标不同的内容	一经原位注写,原位标注的修正内容取值优先

三、筏形基础的构造详图

1. 基础梁纵筋构造 (图 5-25)

图 5-25 基础梁纵向钢筋构造

阅读图 5-25 应注意:

① 图中 l_n 为相邻两跨的较大值。

② 下部非通长筋伸入跨内的长度为 $l_0/3$ 且 $\geqslant a$ (l_0 为支座两侧最大跨的跨度值,$a = 1.2l_a + h_b + 0.5h_c$);

③ 节点区内的箍筋按梁端箍筋设置;

④ 梁端第一个箍筋距支座边的距离为 50mm;

⑤ 当纵筋采用搭接,在搭接区域内的箍筋间距取 $5d$、100mm 的最小值,其中 d 为纵筋的最小直径;

⑥ 不同配置的底部通长筋,应在两相邻跨中配置较小一跨的跨中连接区域连接;

⑦ 当底部筋多于两排时,从第三排起非通长筋伸入跨内的长度由设计注明。

2. 基础梁的箍筋构造（图 5-26）

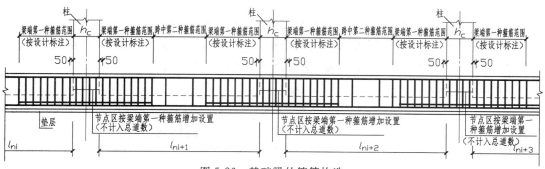

图 5-26　基础梁的箍筋构造

阅读图 5-26 应注意：

当具体设计未注明时，基础主梁与基础次梁的外伸部位，以及基础主梁端部节点内按第一种箍筋设置。

3. 附加箍筋构造（图 5-27）

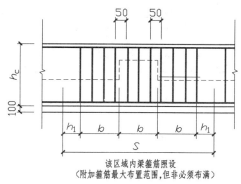

图 5-27　附加箍筋构造

4. 附加吊筋构造（图 5-28）

阅读图 5-28 应注意：

① 吊筋高度应根据基础主梁高度推算；

② 吊筋顶部平直段与基础主梁顶部总筋净距应满足规范要求，当空间不足时，应置于下一排；

③ 吊筋范围内（包括基础次梁宽度内）的箍筋照常设置。

5. 侧面纵筋和拉筋构造（图 5-29）

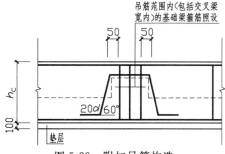

图 5-28　附加吊筋构造

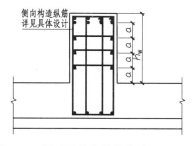

图 5-29　侧面纵筋和拉筋构造（$a \leqslant 200$）

阅读图 5-29 应注意：

① 当 $h_w \geqslant 450$ 时，在梁的两个侧面配置纵向构造钢筋，纵向构造钢筋间距 $a \leqslant 200$；

② 十字相交的基础梁，其侧面构造钢筋锚入交叉梁内 $15d$，丁字交叉的基础梁，横梁外侧的构造钢筋应贯通，横梁内侧和竖梁两侧的构造纵筋锚入交叉梁内 $15d$。

6. 基础次梁构造（图 5-30）

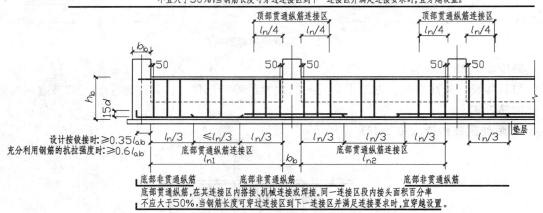

图 5-30 基础次梁构造

阅读图 5-30 应注意：

① 底部非通长筋伸入跨内的长度为 $l_0/3$ 且 $\geqslant a$（l_0 为左右宽的最大跨度值，$a = 1.2l_a + h_b + 0.5b_b$）；

② 下部钢筋锚入基础主梁内 l_a，当无法直锚时弯折；

③ 上部钢筋锚入基础主梁内长度为 $12d$、$b_b/2$ 之最大值，其中 d 为纵筋的最大直径；

④ 基础次梁端部第一道箍筋距基础主梁边 50 开始布置。

7. 基础次梁端部外伸构造（图 5-31）

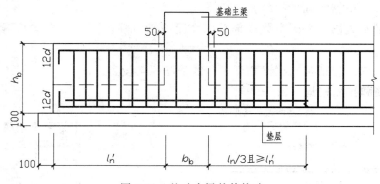

图 5-31 基础次梁外伸构造

阅读图 5-31 应注意：

① 梁上部第一纵筋伸至外伸边缘弯折 $12d$；

② 梁下部底排纵筋伸至外伸边缘弯折 $12d$；

③ 梁下部非底排纵筋伸至外伸边缘截断。

8. 基础次梁标高变化节点（图 5-32）

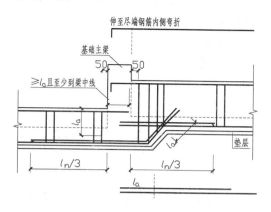

图 5-32　基础次梁标高变化节点

9. 支座两侧梁宽度不同构造（图 5-33）

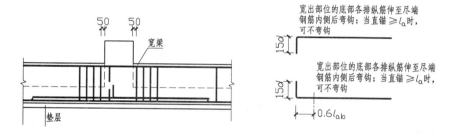

图 5-33　支座两侧梁宽度不同构造

阅读图 5-33 应注意：宽出部位的底部各排纵筋伸至尽端钢筋内侧后弯折，当直锚$\geqslant l_a$时，可不设弯折。

10. 梁板式筏形基础外伸构造（图 5-34）

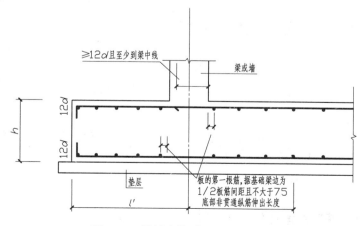

图 5-34　梁板式筏形基础外伸构造

阅读图 5-34 应注意：

① 基础上下部纵筋伸至外伸边缘弯折，其弯折长度为 $12d$；

② 第一根受力钢筋距基础梁角筋的距离为 $s/2$；

③ 中间层纵筋伸至边缘弯折 $15d$。

11. 梁板式筏形基础无外伸构造（图 5-35）

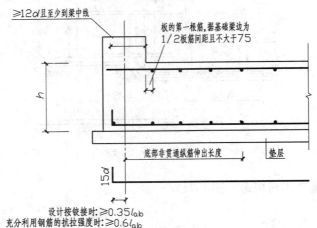

图 5-35 梁板式筏形基础无外伸构造

阅读图 5-35 应注意：

① 上部纵筋锚入基础梁内长度为 $12d$、梁宽/2 之最大值，其中 d 为纵筋的最大直径；

② 下部纵筋伸至基础梁边缘弯折，弯折长度为 $15d$。

12. 梁板式筏形基础标高变化构造（图 5-36）

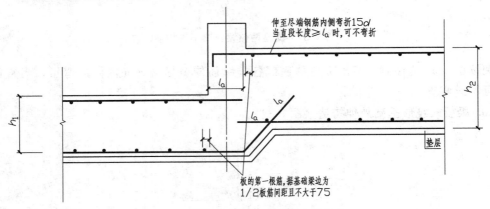

图 5-36 梁板式筏形基础标高变化构造

阅读图 5-36 应注意：

① 基础上部纵筋锚入基础梁长度为 $12d$、梁宽/2 之最大值，其中 d 为纵筋的最大直径；

② 高跨下部纵筋锚入低跨基础内 l_a；

③ 低跨下部纵筋锚入高跨内 l_a；

④ 中部钢筋锚入基础梁内 l_a。

13. 平板式筏形基础外伸构造（图 5-37）

阅读图 5-37 应注意：

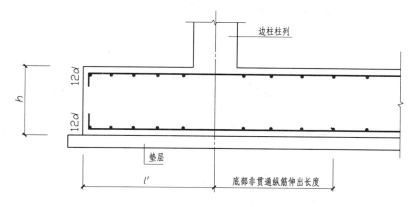

图 5-37 平板式筏形基础外伸构造

① 基础上下部纵筋伸至基础边缘上下弯折，并相互交 150；

② 基础上下部纵筋伸至基础边缘弯折 12d，并用 "U" 形筋封口；

③ 基础上下部纵筋伸至基础边缘弯折 12d。

14. 平板式筏形基础无外伸构造（图 5-38）

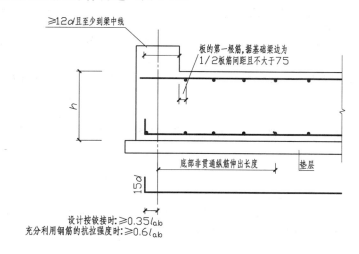

图 5-38 平板式筏形基础无外伸构造

15. 平板式筏形基础板顶底均有高差构造（图 5-39）

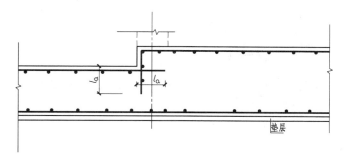

图 5-39 平板式筏形基础板顶有高差构造

16. 平板式筏基标高变化构造（图 5-40～图 5-42）

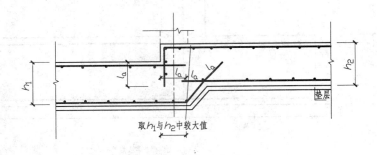

图 5-40　平板式筏基标高变化构造一

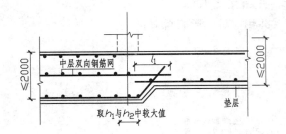

图 5-41　平板式筏基标高变化构造二

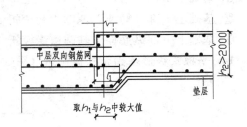

图 5-42　平板式筏基标高变化构造三

 单项能力实训题

1. 对于柱下条形基础，独立基础底板在有梁覆盖的位置是否需要布置与梁平行的受力筋？（提示：梁的受力钢筋可以替代独立基础的受力钢筋）

2. 某独立基础传统配筋图如图 5-43，试将该图表示成平面表示法中列表注写方式及截面注写方式。

3. 某条形基础平面表示法如图 5-44，试将该图表示成传统配筋图。

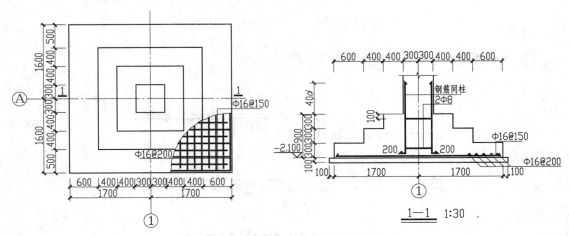

图 5-43　独立基础传统配筋图

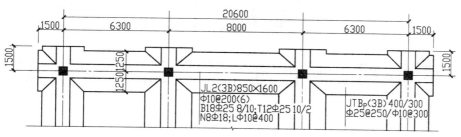

图 5-44　条形基础平面表示法

综合能力实训题

试将图 5-45 梁板式筏形基础主梁平面表示方法表达成传统配筋的形式。

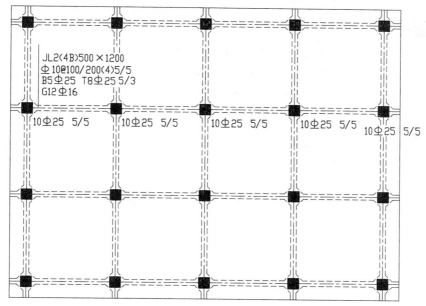

图 5-45　梁板式筏形基础梁平面表示法

第六章

钢筋混凝土楼梯施工图平面表示法解读

学习目标

　　本章主要学习几种板式的不同楼梯平法施工图的制图规则和注写方式，掌握楼梯平法施工图中集中标注和外围标注内容及其含义，并结合图集掌握几种板式楼梯的配筋构造。

能力目标

　　通过学习板式楼梯平法施工图的表达方式及相关构造，具备对板式楼梯平法施工图的识读能力，同时具备结合楼梯平法施工图图集，进行施工技术指导的能力。

　　现浇钢筋混凝土楼梯按结构形式的不同可分为板式楼梯和梁式楼梯两种，其中梁式楼梯适用于大跨度和活荷载较大的楼梯，比如民用建筑中的室外大跨度楼梯、工业建筑中的楼梯等；板式楼梯适用于跨度和活荷载较小的楼梯，比如住宅、办公楼等建筑中的疏散楼梯。由于板式楼梯有着构造简单，施工方便等特点，在一般民用与工业建筑中得到了广泛的应用。本章着重讲解钢筋混凝土板式楼梯平法施工图的制图规则和相关构造，帮助读者掌握各种现浇混凝土板式楼梯的平法施工图表达方式。

第一节　现浇混凝土板式楼梯平法施工图制图规则

一、现浇混凝土板式楼梯平法施工图的表示方法

　　现浇混凝土板式楼梯平法施工图是一种新型楼梯施工图表示方法，包括平面注写、剖面注写和列表注写三种表达方式。

　　平面注写方式是在楼梯平面布置图上，注写楼梯各构件的截面尺寸和配筋具体数值的方式来表达楼梯施工图，楼梯平面布置图（一般选择楼梯标准层），采用适当比例集中绘制，如图6-1所示。或按标准层与相应标准层的梁平法施工图一起绘制在同一张图上。当楼梯剖面较复杂，不能用楼层标高和层间标高来清楚表达楼梯剖面关系时，还需绘制楼梯剖面图，并标注各构件代号、楼层结构标高、层间结构标高等；如果按标准层与相应标准层的梁平法施工图（详见第一章）一起绘制在同一张图上时，可不用绘制楼梯竖向布置简图，除必须标注各构件代号和层间结构标高以外，还应当用表格或其他方式注明包括地下室和地上各层的结构层楼（地）面标高、结构层高及相应的结构层号。其结构层楼面标高和结构层高在同一项工程中必须统一，以保证基础、柱与墙、梁、板、楼梯等用同一标准竖向定位。

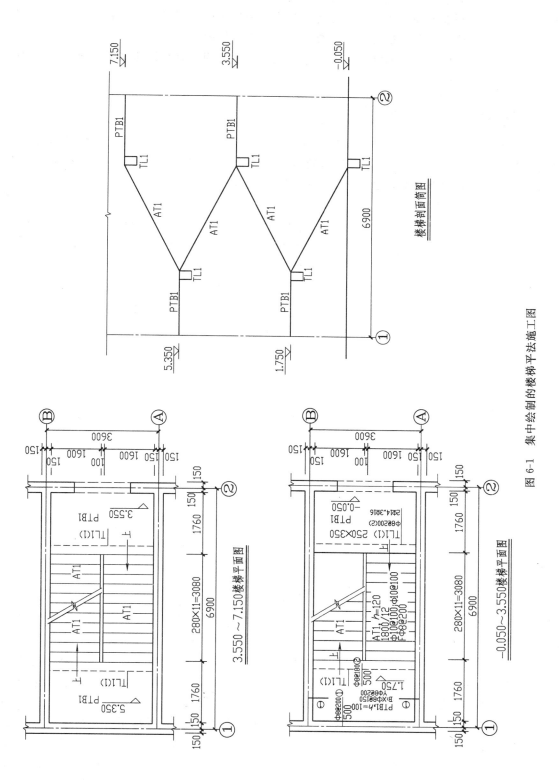

图 6-1　集中绘制的楼梯平法施工图

剖面注写方式是在楼梯平法施工图中绘制楼梯平面布置图和楼梯剖面图，把楼梯梯板截面尺寸和配筋直接注写在剖面图中对应梯板上，梯梁、梯柱等构件截面尺寸和配筋则可以在楼梯平面图中平法标注，也可以单独给出梯梁、梯柱剖面大样图。

列表注写方式也需要绘制楼梯平面布置图和楼梯剖面图，只需把楼梯梯板截面尺寸和配筋以列表的形式表达出来就可以了。

二、现浇混凝土板式楼梯类型

为了制图标准化，现浇混凝土板式楼梯平法施工图制图规则中，把常见的钢筋混凝土板式楼梯按梯段类型的不同分为11种常用的类型，详见表6-1和图6-2～图6-6。在施工图中楼梯编号由梯板代号和序号组成：如 AT××、BT××、ATa×× 等。

表 6-1　楼梯类型

梯板代号	适用范围		是否参与结构整体抗震计算
	抗震构造措施	适用结构	
AT	无	框架、剪力墙、砌体结构	不参与
BT			
CT	无	框架、剪力墙、砌体结构	不参与
DT			
ET	无	框架、剪力墙、砌体结构	不参与
FT			
GT	无	框架结构	不参与
HT		框架、剪力墙、砌体结构	
ATa	有	框架结构	不参与
ATb			不参与
ATc			参与

注：1. ATa 低端设滑动支座支承在梯梁上；ATb 低端设滑动支座支承在梯梁的挑板上。

2. ATa、ATb、ATc 均用于抗震设计，设计者应指定楼梯的抗震等级。

（一）AT～ET 型板式楼梯的特征

（1）AT～ET 型板式楼梯代号代表一段带上下支座的梯板。梯板的主体为踏步段，除踏步段之外，梯板可包括低端平板、高端平板以及中位平板。

（2）AT～ET 各型梯板的截面形状为：AT 型梯板全部由踏步段构成；BT 型梯板由低端平板和踏步段构成；CT 型梯板由踏步段和高端平板构成；DT 型梯板由低端平板、踏步段和高端平板构成；ET 型梯板由低端踏步段、中位平板和高端踏步段构成。

（3）AT～ET 型梯板的两端分别以（低端和高端）梯梁为支座，采用该组板式楼梯的楼梯间内部既要设置楼层梯梁，也要设置层间梯梁（其中 ET 型梯板两端均为楼层梯梁），以及与其相连的楼层平台板和层间平台板。

（4）AT～ET 型梯板的型号、板厚、上下部纵向钢筋及分布钢筋等内容由设计者在平法施工图中注明。梯板上部纵向钢筋向跨内伸出的水平投影长度见相应的标准构造详图，设计不注，但设计者应予以校核；当标准构造详图规定的水平投影长度不满足具体工程要求时，由设计者另行注明。

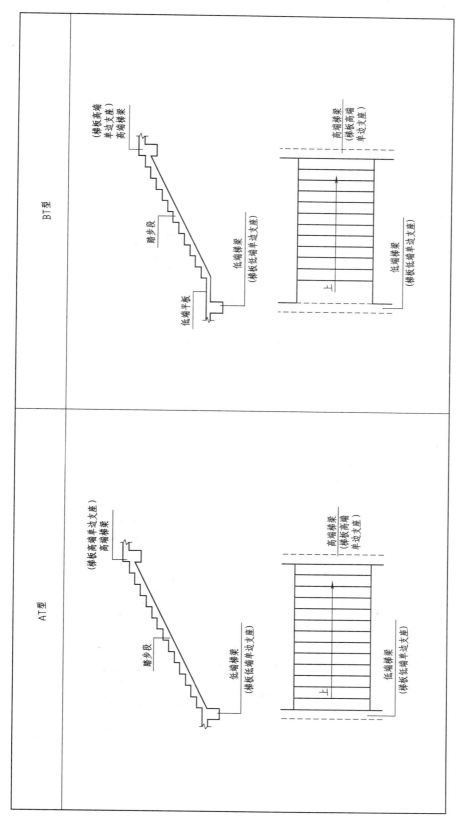

图 6-2　AT、BT 型楼梯

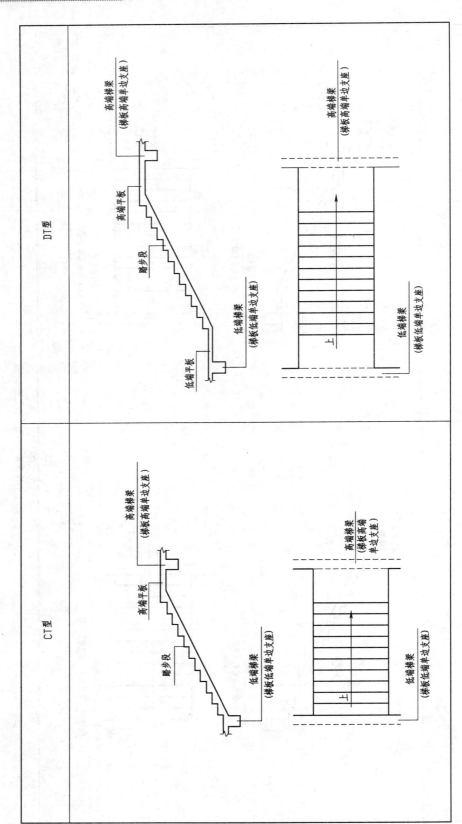

图 6-3 CT、DT 型楼梯

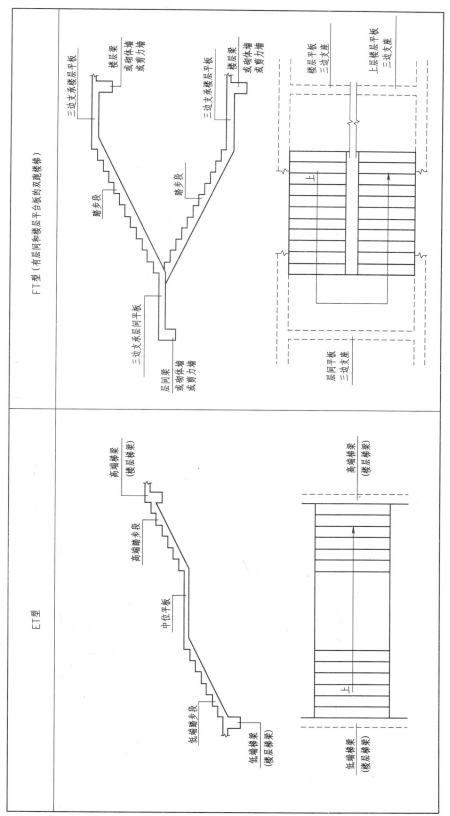

图 6-4　ET、FT 型楼梯

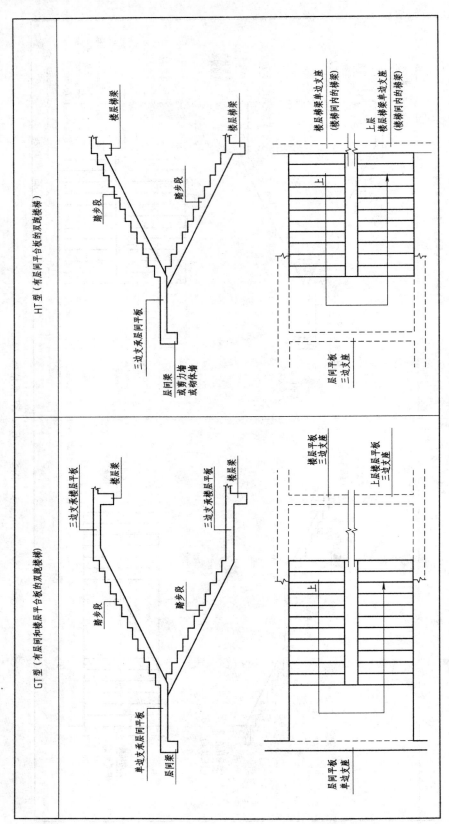

GT 型（有层间和楼层平台板的双跑楼梯）

HT 型（有层间平台板的双跑楼梯）

图 6-5　GT、HT 型楼梯

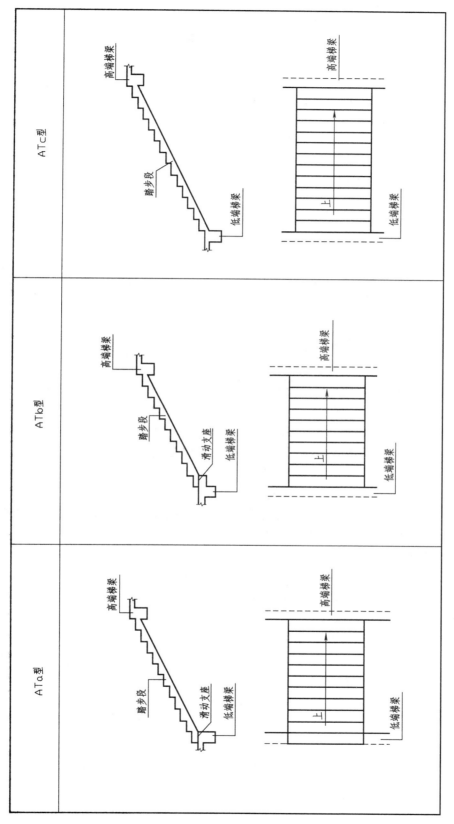

图 6-6　ATa、ATb、ATc 型楼梯

（二）FT～HT 型板式楼梯的特征

(1) FT～HT 每个代号代表两跑踏步段和连接它们的楼层平板及层间平板。

(2) FT～HT 型梯板的构成分两类：

第一类：FT 和 GT 型，由层间平板、踏步段和楼层平板构成。

第二类：HT 型，由层间平板和踏步段构成。

(3) FT～HT 型梯板的支承方式如下：

1）FT 型：梯板一端的层间平板采用三边支承，另一端的楼层平板也采用三边支承。

2）GT 型：梯板一端的层间平板采用单边支承，另一端的楼层平板采用三边支承。

3）HT 型：梯板一端的层间平板采用三边支承，另一端的楼层平板采用单边支承（在梯梁上）。

以上各型梯板的支承方式见表 6-2。

表 6-2　FT～HT 型梯板支承方式

梯板类型	层间平板端	踏步段端（楼层处）	楼层平板端
FT	三边支承		三边支承
GT	单边支承		三边支承
HT	三边支承	单边支承（梯梁上）	

注：由于 FT～HT 梯板本身带有层间平板或楼层平板，对平板段采用三边支承方式可以有效减少梯板的计算跨度，能够减少板厚从而减轻梯板自重和减少配筋。

(4) FT～HT 型梯板的型号、板厚、上下部纵向钢筋及分布钢筋等内容由设计者在平法施工图中注明。FT～HT 型平台上部横向钢筋及其外伸长度，在平面图中原位标注。梯板上部纵向钢筋向跨内伸出的水平投影长度见相应的标准构造详图，设计不注，但设计者应予以校核；当标准构造详图规定的水平投影长度不满足具体工程要求时，由设计者另行注明。

（三）ATa、ATb 型板式楼梯的特征

(1) ATa、ATb 型为带滑动支座的板式楼梯，梯板全部由踏步段构成，其支承方式为梯板高端均支承在梯梁上，ATa 型梯板低端带滑动支座支承在梯梁上，ATb 型梯板低端带滑动支座支承在梯梁的挑板上。

(2) 滑动支座有设预埋钢板和设聚四氟乙烯垫板两种做法，采用何种做法应有设计者指定。滑动支座垫板可选用聚四氟乙烯板（四氟板），也可选用其他能起到有效滑动的材料，其连接方式由设计者另行处理。

(3) ATa、ATb 型梯板采用双层双向配筋。梯梁支承在梯柱上时，其构造做法按 11G101-1 中框架梁 KL；支承在梁上时，其构造做法按 11G101-1 中非框架梁 L。

（四）ATc 型板式楼梯的特征

(1) ATc 型梯板全部由踏步段构成，其支承方式为梯板两端均支承在梯梁上。

(2) ATc 楼梯休息平台与主体结构可整体连接，也可脱开连接，详见 11G101-2 图集相关构造。

(3) ATc 型楼梯梯板厚度应按计算确定，且不宜小于 140mm；梯板采用双层配筋。

(4) ATc 型梯板两侧设置边缘构件（暗梁），边缘构件的宽度取 1.5 倍板厚；边缘构件纵筋数量，当抗震等级为一、二级时不少于 6 根，当抗震等级为三、四级时不少于 4 根；纵

筋直径为Φ12且不小于梯板纵向受力钢筋的直径；箍筋为Φ6@200。

梯梁按双向受弯构件计算，当支承在梯柱上时，其构造做法按11G101-1中框架梁KL；当支承在梁上时，其构造做法按11G101-1中非框架梁L。

平台板按双层双向配筋。

第二节　平面注写方式

现浇混凝土板式楼梯平法施工图采用平面注写方式，是在楼梯结构平面布置图上，注写构件截面尺寸和配筋具体数值的方式来表达楼梯施工图。平面注写内容包括集中标注和外围标注。

一、集中标注

楼梯集中标注的内容有五项，如图6-7(a)所示，具体规定如下：

(1) 梯板类型代号与序号，如AT×× [如图6-7(b)中的AT3]。

(2) 梯板厚度，注写为$h=×××$ [如图6-7(b)中的$h=120$]。当为带平板的梯板且梯段板厚度和平板厚度不同时，可在梯段板厚度后面括号内以字母P打头注写平板厚度。

(3) 踏步段总高度H_s和踏步级数（$m+1$），之间以"/"分隔，m为踏步平面步数 [如图6-7(b)中的1800/12]。

(4) 梯板支座上部纵筋，下部纵筋，之间以"；"分隔 [如图6-7(b)中的Φ10@200；Φ12@150]。

(5) 梯板分布筋，以F打头注写分布钢筋具体值，该项也可在图中统一说明 [如图6-7(b)中的FΦ8@250]。

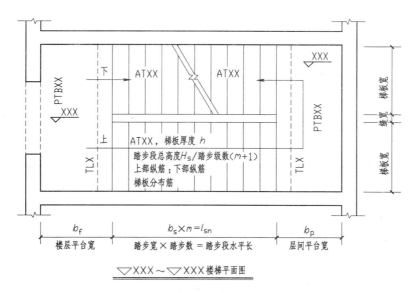

(a) AT型楼梯集中标注内容

图6-7

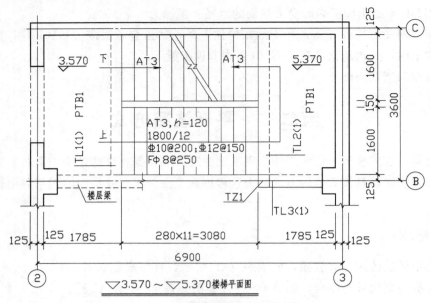

(b) AT型楼梯集中标注内容示例

图 6-7

以图 6-7（b）为例，集中标注内容完整表达如下：

AT3，$h＝120$　梯板类型及编号，梯板板厚

1800/12　踏步段总高度/踏步级数

$\Phi10@200$；$\Phi12@150$　上部纵筋；下部纵筋

F$\Phi8@250$　梯板分布筋（可统一说明）

二、外围标注

楼梯外围标注的内容有以下几项：

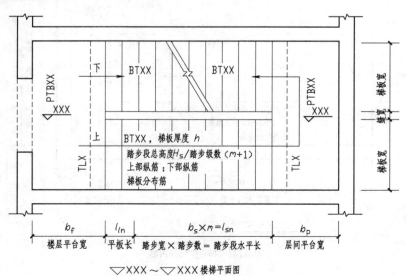

图 6-8　BT 型楼梯外围标注内容

（1）楼梯间平面尺寸，是指楼梯间轴线长度、宽度和轴线至墙（梁）边的尺寸（如图 6-9 中的 6900、3600、125 等尺寸）。

（2）楼层结构标高，是指楼梯楼层平台处结构标高（如图 6-9 中的 3.570）。

（3）层间结构标高，是指楼梯层间平台处结构标高（如图 6-9 中的 5.170）。

（4）楼梯的上下方向，是指上楼梯的方向，顺时针还是逆时针方向（如图 6-8、图 6-9）。

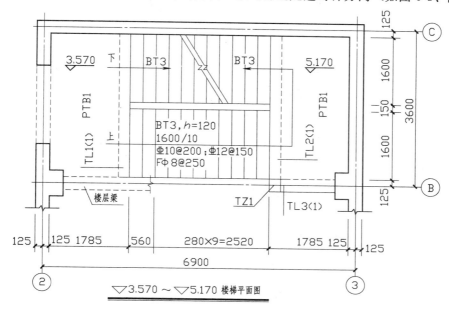

图 6-9 BT 型楼梯外围标注内容示例

（5）梯板的平面几何尺寸，此项标注各型楼梯如下：

1）AT～ET 型楼梯，包括楼层平台宽 b_f、踏步段水平长度 $l_{sn}=b_s m$、层间平台宽 b_p、梯板宽和缝宽等（如图 6-8、图 6-9）。

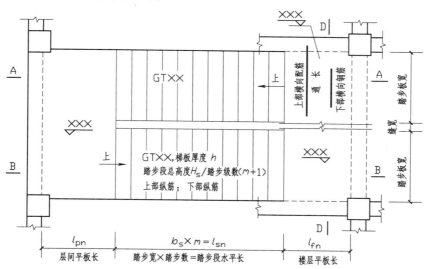

图 6-10 GT 型楼梯外围标注内容

2）FT～HT 型楼梯，包括层间平板长度 l_{pn}、踏步段水平长度 $l_{sn}=b_s×m$、楼层平板长度 l_{fn}、踏步板宽和缝宽等（如图 6-10、图 6-11）。

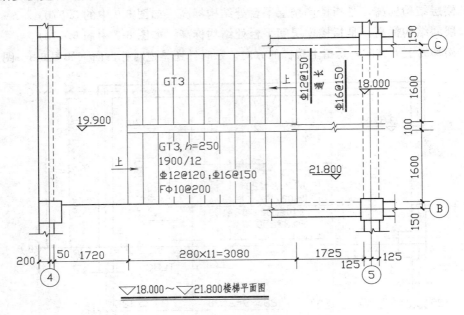

图 6-11　GT 型楼梯外围标注内容示例

3）ATa～ATc 型楼梯，包括层间平台板宽 b_{pn}、梯梁宽 b、踏步段水平长度 $l_{sn}=b_s×m$、楼层平台板宽 b_{fn}、踏步板宽和缝宽等（如图 6-12）。

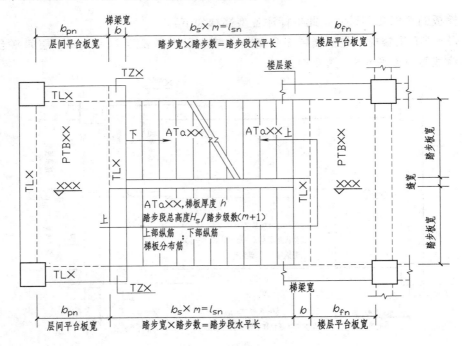

图 6-12　ATa 型楼梯外围标注内容

（6）平台板配筋，此项内容可按现浇板平法施工图规则注写。

（7）梯梁及梯柱配筋，此项内容可按梁、柱平法施工图规则注写。

（8）FT～HT型楼梯，层间平板和楼层平板上部横向钢筋与外伸长度。当平板上部横向钢筋贯通配置时，仅需在一侧支座标注，并加注"通长"二字，对面一侧支座不注（见图6-10、图6-11）。

第三节　剖面注写方式

现浇混凝土板式楼梯平法施工图中剖面注写方式是把梯板编号、截面和配筋等内容注写在楼梯剖面图上的一种方式。工程中，楼梯剖面较复杂，用平面注写方式不能完整表达设计意图时，可选用剖面注写方式。剖面注写方式需在楼梯平法施工图中绘制楼梯平面布置图和楼梯剖面图，注写方式分平面注写和剖面注写两部分。

一、楼梯平面布置图注写内容

剖面注写方式中，楼梯平面布置图中注写的内容，包括楼梯间的平面尺寸、楼层结构标高、层间结构标高、楼梯的上下方向、梯板的平面几何尺寸、梯板类型及编号、平台板配筋、梯梁及梯柱配筋等（如图6-13所示）。

（1）楼梯间的平面尺寸，包括楼梯间轴线尺寸（开间、进深尺寸）、轴线与楼梯间墙、

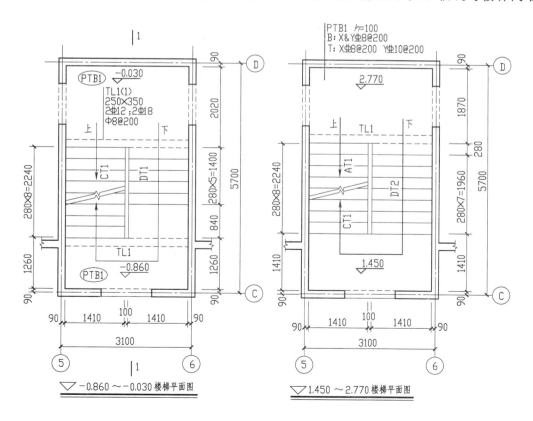

图6-13　楼梯剖面注写示例（平面图）

梁关系等；

（2）楼层结构标高，与层高对应部位楼梯平台结构标高，楼板建筑做法与楼梯间平台板建筑做法厚度不同时，此标高也与楼板结构标高不同；

（3）层间结构标高，层间平台结构标高；

（4）楼梯的上下方向，有顺时针和逆时针上楼梯方向；

（5）梯板的平面几何尺寸，包括踏步宽度、踏步平面数、楼层平台和层间平台宽度、楼层平板和层间平板长度、梯板宽度、缝宽（梯井宽度）尺寸；

（6）梯板类型及编号；

（7）平台板配筋，此项按 11G101-1 中楼面板 LB 注写方式注写；

（8）梯梁及梯柱配筋，此项按 11G101-1 中梁 L 和框架柱 KZ 注写方式注写。

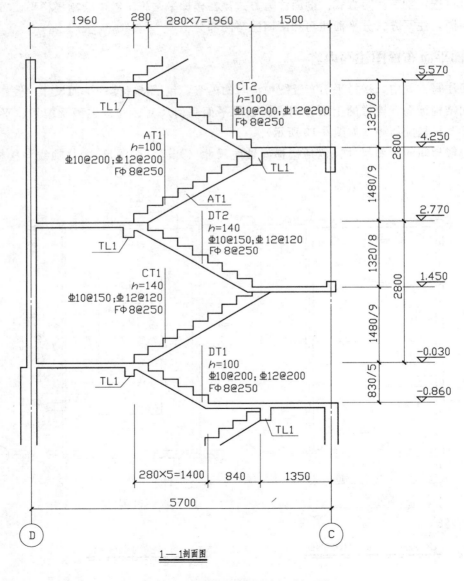

1—1剖面图

图 6-14　楼梯剖面注写示例（剖面图）

二、楼梯剖面图注写内容

剖面注写方式中，楼梯剖面图中注写的内容，包括梯板集中标注、梯梁梯柱编号、梯板水平及竖向尺寸、楼层结构标高、层间结构标高等。

（1）梯板集中标注，梯板集中标注内容有四项：

1）梯板类型及编号，例如 AT×× （如图 6-14 中的 CT1、DT1 等）。

2）梯板厚度，注写为 $h=$×××（如图 6-14 中的 $h=100$）。当梯板由踏步段和平板构成，且踏步段梯板厚度和平板厚度不同时，可在梯板厚度后面括号内以字母 P 打头注写平板厚度。

3）梯板配筋。注明梯板上部纵筋和下部纵筋，用分号";"将上部与下部纵筋的配筋值分隔开来（如图 6-14 中的 DT1 梯板Φ10@200；Φ12@200）。

4）梯板分布筋，以 F 打头注写分布钢筋具体值，该项也可在图中统一说明（如图 6-14 中的 FΦ8@250）。

（2）梯梁梯柱编号，如图 6-14 中的 TL1。

（3）梯板水平及竖向尺寸，如图 6-14 中的 CT2 梯板水平尺寸 280×7＝1960 及竖向尺寸 1320/8。

（4）楼层结构标高，如图 6-14 中的-0.030、2.770、5.570 等标高。

（5）层间结构标高，如图 6-14 中的-0.860、1.450、4.250 等标高。

第四节　列表注写方式

列表注写方式是用列表方式在楼梯剖面图上注写梯板截面尺寸和配筋具体数值的方式来表达楼梯施工图的方法。列表注写方式的具体要求同剖面注写方式，也需在楼梯平法施工图中绘制楼梯平面布置图和楼梯剖面图，仅将剖面图中梯板配筋注写项改为列表注写项即可。

梯板列表格式如表 6-3 所示：

表 6-3　梯板配筋表

梯板编号	踏步段总高度/踏步级数	板厚 h	上部纵向钢筋	下部纵向钢筋	分布筋

第五节　现浇混凝土板式楼梯平法施工图构造

现浇混凝土板式楼梯平法施工图与标准构造详图结合构成完整的结构设计施工图，在施工图中只绘制楼梯的平法施工图，不必绘制具体构造做法，标准图集 11G101-2《混凝土结构施工图平面整体表示方法制图规则和构造详图》（现浇混凝土板式楼梯）部分中已经给出了各种现浇混凝土板式楼梯的构造做法，施工过程中需要对照使用。下面介绍几种常见类型现浇混凝土板式楼梯的构造便于理解。

一、梯板配筋构造

1. AT～DT 型梯板配筋构造

（1）AT 型梯板（无平板）配筋构造

1）AT 型梯板支座端上部纵向钢筋大小由设计确定。

2）AT 型梯板支座端上部纵向钢筋自低端梯梁或高端梯梁支座边缘向跨内延伸的水平投影长度应满足 $\geqslant l_n/4$（l_n 为梯板跨度）（如图 6-15、图 6-16）。

3）AT 型梯板支座端上部纵向钢筋在低端梯梁内的直段锚固长度，按铰接设计时，应满足 $\geqslant 0.35 l_{ab}$，考虑充分发挥钢筋抗拉强度时，应满足 $\geqslant 0.6 l_{ab}$，具体工程中由设计指明采用何种情况，弯折段长度为 $15d$（d 为支座端上部纵向钢筋直径）（如图 6-15）；在高端梯梁内的直段锚固长度，按铰接设计时，应满足 $\geqslant 0.35 l_{ab}$，考虑充分发挥钢筋抗拉强度时，应满足 $\geqslant 0.6 l_{ab}$，具体工程中由设计指明采用何种情况，弯折段长度为 $15d$（d 为支座端上部纵向钢筋直径），锚入平台板时，应满足 $\geqslant l_a$。（如图 6-16）。

4）AT 型梯板下部纵向钢筋在低端梯梁及高端梯梁内的锚固长度均应满足 $\geqslant 5d$（d 为梯板下部纵向钢筋直径）且至少伸过支座中心线（如图 6-15、图 6-16）。

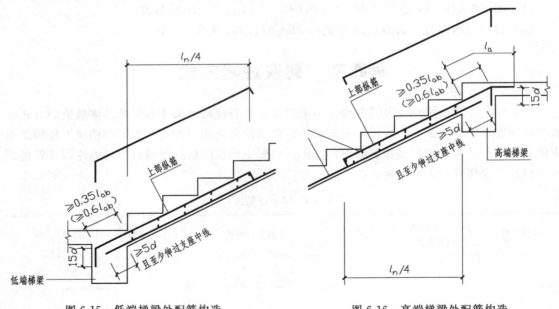

图 6-15　低端梯梁处配筋构造　　　　　　　图 6-16　高端梯梁处配筋构造

无平板的 AT 型楼梯是工程中较常见的一种楼梯，AT 型楼梯板完整的配筋构造如图 6-17 所示。

（2）BT、CT、DT 型梯板（有平板）配筋构造

1）BT～DT 型梯板低端平板及高端平板处支座端上部纵向钢筋大小由设计确定。

2）BT～DT 型梯板支座端上部纵向钢筋自低端梯梁或高端梯梁支座边缘向跨内延伸的水平投影长度应满足 $\geqslant l_n/4$（l_n 为梯板跨度），自低端平板踏步段边缘伸入踏步段的水平投影长度应满足 $\geqslant 20d$（d 为梯板上部纵向钢筋直径）（如图 6-18），自高端平板踏步段边缘伸

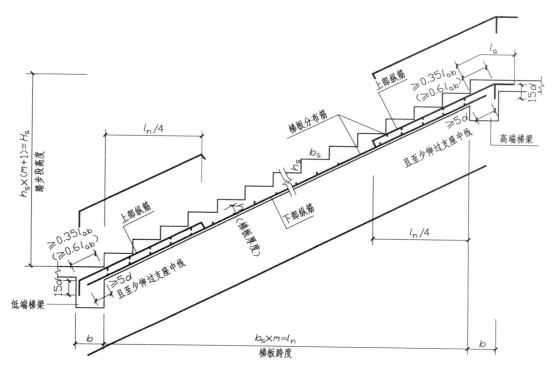

图 6-17　AT 型楼梯板配筋构造

入踏步段的水平投影长度取 $l_{sn}/5$（l_{sn} 为踏步段水平净长）（如图 6-19）。

　　3）BT 型梯板支座端上部纵向钢筋在低端梯梁内的直段锚固长度，按铰接设计时，应满足 $\geqslant 0.35l_{ab}$，考虑充分发挥钢筋抗拉强度时，应满足 $\geqslant 0.6l_{ab}$，具体工程中由设计指明采用何种情况，弯折段长度为 15d（d 为支座端上部纵向钢筋直径）（如图 6-18）；在高端梯梁内的锚固同 AT 型梯板。

　　4）CT 型梯板支座端上部纵向钢筋在低端梯梁内的锚固同 AT 型梯板；在高端梯梁内的直段锚固长度，按铰接设计时，应满足 $\geqslant 0.35l_{ab}$，考虑充分发挥钢筋抗拉强度时，应满足 $\geqslant 0.6l_{ab}$，具体工程中由设计指明采用何种情况，弯折段长度为 15d（d 为支座端上部纵向钢筋直径），锚入平台板时，应满足 $\geqslant l_{a}$（如图 6-19）。

　　5）DT 型梯板支座端上部纵向钢筋在低端梯梁内的锚固同 BT 型梯板；在高端梯梁内的锚固同 CT 型梯板。

　　6）BT～DT 型梯板下部纵向钢筋在低端梯梁及高端梯梁内的锚固长度均应满足 $\geqslant 5d$（d 为梯板下部纵向钢筋直径）且至少伸过支座中心线（如图 6-18、图 6-19）。

　　有平板的 BT、CT、DT 型楼梯也是工程中常见的楼梯，DT 型楼梯板完整的配筋构造如图 6-20。

2. FT、GT、HT 型梯板配筋构造

（1）FT、GT、HT 型梯板楼层和层间平板下部和上部配筋均由设计确定。

（2）FT、GT、HT 型梯板楼层和层间平板支座上部纵向钢筋自支座边缘向跨内延伸的水平投影长度根据平板的支承条件而不同，具体规定如下：

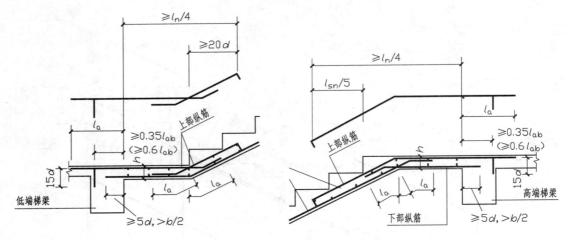

图 6-18 低端平板钢筋构造   图 6-19 高端平板钢筋构造

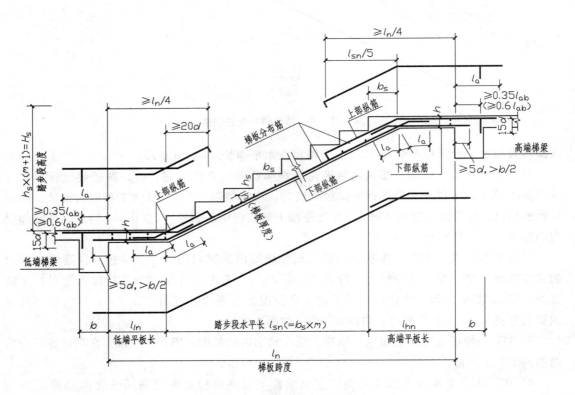

图 6-20 DT 型楼梯板配筋构造

1）层间平板和楼层平板均为三边支承的 FT 型梯板，其高端平板（层间平板或楼层平板）支座上部纵向钢筋自梯梁边缘伸入梯板内的水平投影长度应 $\geq l_n/4$（l_n 为梯板跨度），自踏步段边缘伸入踏步段内的长度取 $l_{sn}/5$（l_{sn} 为踏步段水平净长度）（如图 6-21）；其低端平板（层间平板或楼层平板）支座上部纵向钢筋自梯梁边缘伸入梯板内的水平投影长度应满足 $\geq l_n/4$（l_n 为梯板跨度），自踏步段边缘伸入踏步段内的长度应满足 $\geq 20d$（d 纵向钢筋直径）（如图 6-22）。

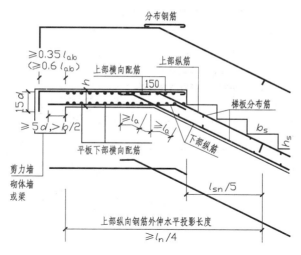

图 6-21 FT 型梯板高端平板配筋构造

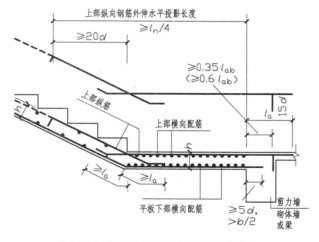

图 6-22 FT 型梯板低端平板配筋构造

2）层间平板为单边支承，楼层平板为三边支承的 GT 型梯板，其高端平板（层间平板或楼层平板）支座上部纵向钢筋自梯梁边缘伸入梯板内的水平投影长度应满足 $\geq l_n/4$（l_n 为梯板跨度），自踏步段边缘伸入踏步段内的长度取（$l_{pn}+l_{sn}$）/5（l_{pn} 为层间平板水平净长度，l_{sn} 为踏步段水平净长度，如图 6-29 所示）（如图 6-23）；其低端平板（层间平板或楼层平板）支座上部纵向钢筋自梯梁边缘伸入梯板内的水平投影长度应满足 $\geq l_n/4$（l_n 为梯板跨度），自踏步段边缘伸入踏步段内的长度应满足 $\geq 20d$（d 纵向钢筋直径）（如图 6-24）。

3）层间平板为三边支承，楼层平板为单边支承的 HT 型梯板，其高端层间平板支座上部纵向钢筋自梯梁边缘伸入梯板内的水平投影长度应满足 $\geq l_n/4$（l_n 为梯板跨度），自踏步段边缘伸入踏步段内的长度取 $l_{sn}/5$（l_{sn} 为踏步段水平净长度）（如图 6-25）；其低端层间平板支座上部纵向钢筋自梯梁边缘伸入梯板内的水平投影长度应满足 $\geq l_n/4$（l_n 为梯板跨度），自踏步段边缘伸入踏步段内的长度取 $l_{sn}/5$，且应满足 $\geq 20d$（d 纵向钢筋直径）（如图 6-26）。

（3）平板支座上部纵向钢筋在低端和高端梯梁内的直段锚固长度，按铰接设计时，应满

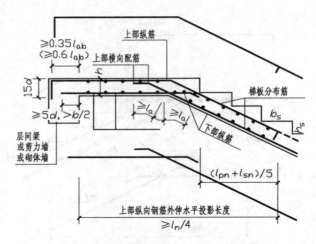

图 6-23 GT 型梯板高端平板配筋构造

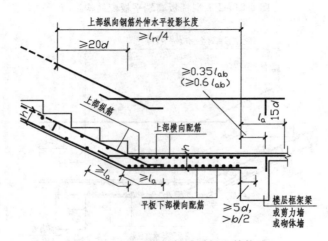

图 6-24 GT 型梯板低端平板配筋构造

足$\geqslant 0.35l_{ab}$，考虑充分发挥钢筋抗拉强度时，应满足$\geqslant 0.6l_{ab}$，具体工程中由设计指明采用何种情况，弯折段长度为 $15d$（d 为支座端上部纵向钢筋直径），当采用不弯折的直锚时，应满足$\geqslant l_a$（如图 6-25、图 6-26）。

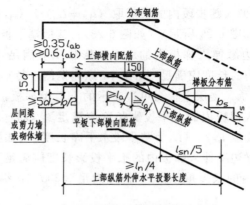

图 6-25 HT 型梯板高端平板配筋构造

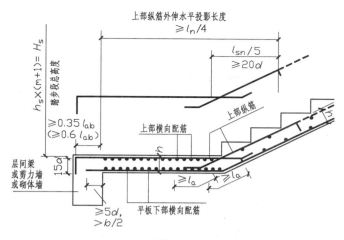

图 6-26　HT 型梯板低端平板配筋构造

（4）梯板下部纵向钢筋在低端梯梁及高端梯梁内的锚固长度均应满足 $\geqslant 5d$，$>b/2$（d 为梯板下部纵向钢筋直径，b 为梯梁宽度）。

（5）梯板折板处纵向钢筋锚固长度，应满足 $\geqslant l_a$（如图 6-25、图 6-26）。

3. FT、GT、HT 型楼梯平板构造

FT 型楼梯层间平板和楼层平板均为三边支承板，应在其层间平板和楼层平板横向（平板宽度方向）设置受力钢筋；GT 型楼梯楼层平板为三边支承板，应在其楼层平板横向（平板宽度方向）设置受力钢筋；HT 型楼梯层间平板为三边支承板，应在其层间平板横向（平板宽度方向）设置受力钢筋。

（1）层间平板配筋构造　FT、HT 型楼梯层间平板上部横向钢筋和下部横向钢筋以及上部横向分布钢筋构造如图 6-27 所示。

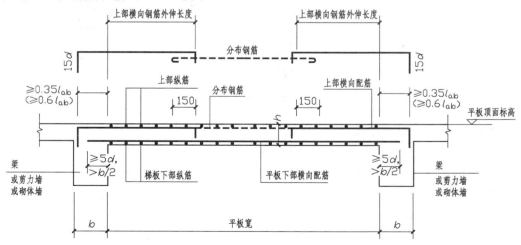

图 6-27　FT、HT 型楼梯层间平板配筋构造

（2）楼层平板配筋构造　FT、GT 型楼梯楼层平板上部横向钢筋和下部横向钢筋构造如图 6-28 所示。

图 6-27、图 6-28 中上部支座按铰接设计时，上部纵筋锚固长度应满足 $\geqslant 0.35l_{ab}$；考虑充分发挥钢筋抗拉强度时，应满足 $\geqslant 0.6l_{ab}$，具体工程中由设计指明采用何种情况。

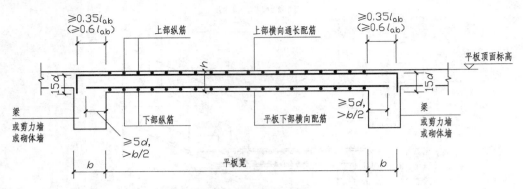

图 6-28 FT、GT 型楼梯楼层平板配筋构造

下面选取了 GT 型楼梯板（如图 6-29、图 6-30）的完整配筋构造供读者参考。

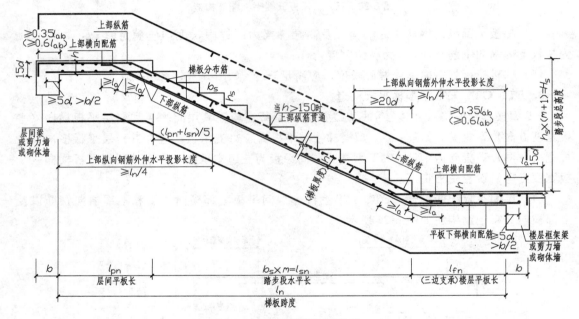

图 6-29 GT 型梯板配筋构造一

4. ATa、ATb、ATc 型梯板配筋构造

（1）ATa、ATb 型梯板采用双层双向配筋，纵向设置受力钢筋，大小由设计确定，横向设置分布钢筋。梯板两侧设置附加纵筋，抗震等级为一、二级时不小于 2Φ20，抗震等级为三、四级时不小于 2Φ16，如图 6-31 所示，图中①钢筋为梯板下部纵筋，②钢筋为梯板上部纵筋，③钢筋为分布筋。

（2）ATc 型梯板采用双层双向配筋，纵向设置受力钢筋，大小由设计确定，横向设置分布钢筋。梯板两侧 1.5h（h 为梯板最小厚度）范围内设置边缘构件（暗梁），边缘构件纵筋数量，当抗震等级为一、二级时不少于 6 根，当抗震等级为三、四级时不少于 4 根；纵筋直径为 Φ12 且不小于梯板纵向受力钢筋的直径；箍筋为 Φ6@200。梯板非边缘构件部位设置拉结筋 Φ6@600，如图 6-32 所示。图中①钢筋为梯板上、下部纵筋，②钢筋为暗梁箍筋，③钢筋为分布筋，④钢筋为梯板拉结筋。

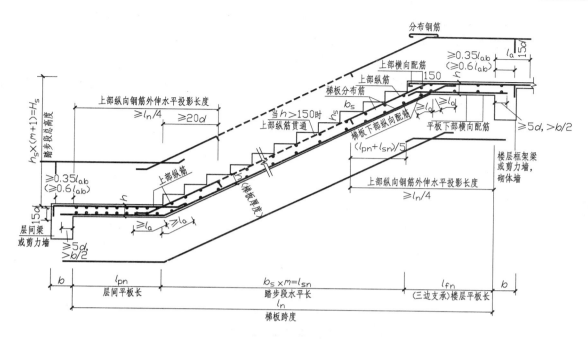

图 6-30 GT 型梯板配筋构造二

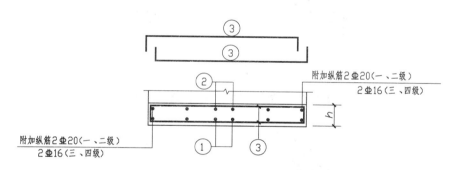

图 6-31 ATa、ATb 型梯板剖面

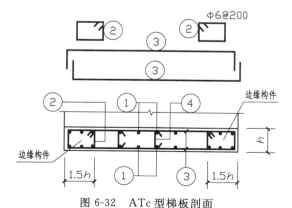

图 6-32 ATc 型梯板剖面

（3）ATa、ATb 型梯板滑动支座端纵筋应全部伸入第一踏步内另一端（如图 6-33、图 6-34），高端梯梁内的锚固长度应满足≥l_{aE}（如图 6-35）。

（4）ATc型梯板纵筋在低端梯梁内的直段锚固长度应满足$\geqslant 0.6l_{abE}$，弯折段长度$\geqslant 15d$（d为梯板纵筋直径）（如图6-36）；在高端梯梁内的锚固长度应满足$\geqslant l_{aE}$（如图6-37）。

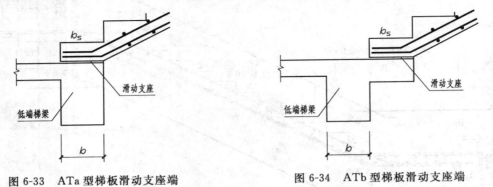

图 6-33　ATa 型梯板滑动支座端　　　　图 6-34　ATb 型梯板滑动支座端

图 6-35　ATa、ATb 型梯板高端梯梁端

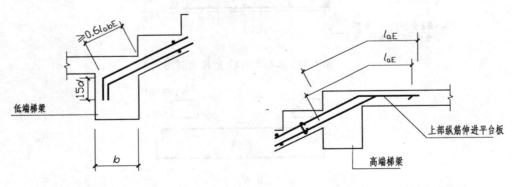

图 6-36　ATc 型梯板低端梯梁　　　　图 6-37　ATc 型梯板高端梯梁

二、不同踏步位置推高与高度减小构造

在实际楼梯施工中，由于踏步段上下两端板的建筑面层厚度不同，为使面层完工后各级踏步等高等宽，必须减小最上一级踏步的高度并将其余踏步整体斜向推高，整体推高的（垂直）高度值 $\delta_1 = \Delta_1 - \Delta_2$，高度减小后的最上一级踏步高度 $h_{s2} = h_s - (\Delta_3 - \Delta_2)$（如图6-38）。

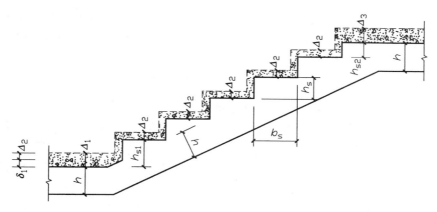

图 6-38 不同踏步位置推高与高度减小构造

δ_1 为第一级与中间各级踏步整体竖向推高值；

h_{s1} 为第一级（推高后）踏步的结构高度；

h_{s2} 为最上一级（减小后）踏步的结构高度；

$\triangle_1$ 为第一级踏步根部面层厚度；

$\triangle_2$ 为中间各级踏步的面层厚度；

$\triangle_3$ 为最上一级踏步（板）面层厚度

三、楼梯与基础连接构造

楼梯第一跑一般与砌体基础、地梁或钢筋混凝土基础底板相连。各型楼梯第一跑与基础连接构造如图 6-39～图 6-42 所示。

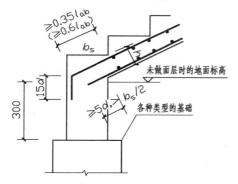

图 6-39 各型楼梯第一跑与基础连接构造一

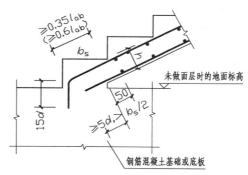

图 6-40 各型楼梯第一跑与基础连接构造二

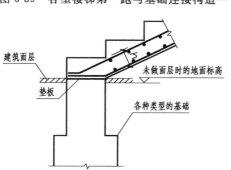

图 6-41 各型楼梯第一跑与基础连接构造三
（用于滑动支座）

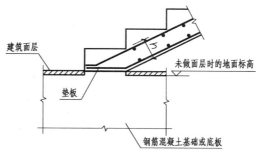

图 6-42 各型楼梯第一跑与基础连接构造四
（用于滑动支座）

楼梯平法施工图要结合 11G101-1《混凝土结构施工图平面整体表示方法制图规则和构造详图》（现浇混凝土框架、剪力墙、梁、板）和 11G101-2《混凝土结构施工图平面整体表示方法制图规则和构造详图》（现浇混凝土板式楼梯）部分中的相关构造及环境类别等条件进行施工。施工时，结合表 6-4～表 6-6 进行钢筋下料计算。

表 6-4　受拉钢筋基本锚固长度 l_{ab}、l_{abE}

钢筋种类	抗震等级	混凝土强度等级								
		C20	C25	C30	C35	C40	C45	C50	C55	≥C60
HPB300	一、二级(l_{abE})	45d	39d	35d	32d	29d	28d	26d	25d	24d
	三级(l_{abE})	41d	36d	32d	26d	26d	25d	24d	23d	22d
	四级(l_{abE}) 非抗震(l_{ab})	39d	34d	30d	28d	25d	24d	23d	22d	21d
HRB335 HRBF335	一、二级(l_{abE})	44d	38d	33d	31d	29d	26d	25d	24d	24d
	三级(l_{abE})	40d	35d	31d	28d	26d	24d	23d	22d	22d
	四级(l_{abE}) 非抗震(l_{ab})	38d	33d	29d	27d	25d	23d	22d	21d	21d
HRB400 HRBF400 RRB400	一、二级(l_{abE})	—	46d	40d	37d	33d	32d	31d	30d	29d
	三级(l_{abE})	—	42d	37d	34d	30d	29d	28d	27d	26d
	四级(l_{abE}) 非抗震(l_{ab})		40d	35d	32d	29d	29d	27d	26d	25d
RRB500 RRBF500	一、二级(l_{abE})	—	55d	49d	45d	41d	39d	37d	36d	35d
	三级(l_{abE})		50d	45d	41d	38d	36d	34d	33d	32d
	四级(l_{abE}) 非抗震(l_{ab})		48d	43d	39d	36d	34d	32d	31d	30d

表 6-5　受拉钢筋基本锚固长度 l_a、抗震锚固长度 l_{aE}

非抗震	抗震	注： 1. l_a 不应小于 200mm 2. 锚固长度修正系数 ζ_a 按表 6-6 取用,当多于一项时,可按连乘计算,但不应小于 0.6 3. ζ_{aE} 为抗震锚固长度修正系数,一、二级抗震等级取 1.15,三级抗震等级取 1.05,四级抗震等级取 1.00
$l_a = \zeta_a l_{ab}$	$l_{aE} = \zeta_{aE} l_a$	

表 6-6　受拉钢筋基本锚固长度修正系数 ζ_a

锚固条件		ζ_a	
带肋钢筋的公称直径大于 25		1.10	
环氧树脂涂层带肋钢筋		1.25	—
施工过程中易受扰动的钢筋		1.10	
锚固区保护层厚度	3d	0.80	注：中间时按内插值。d 为锚固钢筋直径
	5d	0.70	

注：1. HPB300 级钢筋末端应做 180°弯钩，弯后平直段长度不应小于 3d，但作受压钢筋时可不做弯钩。

2. 当锚固钢筋的保护层厚度不大于 3d 时，锚固钢筋长度范围内应设置横向构造钢筋，其直径不应小于 d/4（d 为锚固钢筋的最大直径）；梁、柱等构件间距不应大于 5d，板、墙等构件间距不应大于 10d，且均不应大于 100mm（d 为锚固钢筋的最小直径）。

单项能力实训题

1. AT～ET 型梯板只能在单跑楼梯中使用吗？两跑楼梯及多跑楼梯中能不能使用？
2. BT 型和 CT 型梯板与 HT 型梯板有什么不同？DT 型梯板与 FT 和 GT 型梯板有什么不同？
3. FT～HT 型梯板中楼层及层间平板支承方式不同时，其配筋有什么不同？
4. 解释图 6-43 中梯板集中标注内容。

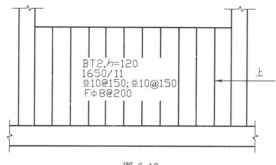

图 6-43

5. 解释图 6-44 中平台板集中标注内容。

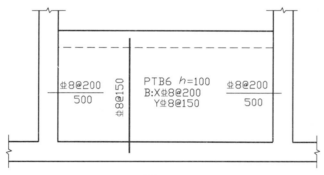

图 6-44

6. 楼梯平法施工图中必须补充的文字说明内容有哪些？

综合能力实训题

图 6-45 为某教学楼楼梯平法施工图，要求画出该楼梯传统剖面配筋图。

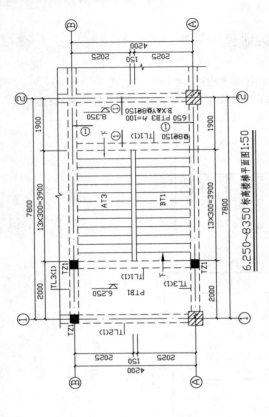

6.250~8.350标高楼梯平面图1:50

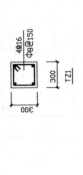

4.150~6.250标高楼梯平面图1:50

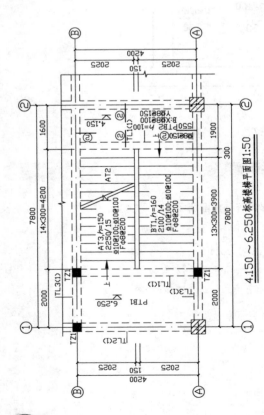

-0.500~1.900标高楼梯平面图1:50

说明:
1.本图与国家标准图集11G101-2配合使用.
2.钢筋为Φ—HPB300级,Φ—HRB335级,Φ—HRB400级.
3.楼梯配筋构造详见11G101-2,楼梯栏杆预埋件见建筑图.
4.本图中楼梯板上部纵向钢筋考虑无分发挥钢筋抗拉强度设计.
5.楼梯混凝土强度等级C25.

图6-45 楼梯平法施工图

参 考 文 献

［1］ 建筑结构制图标准（GB/T 50105—2001）.

［2］ 混凝土结构施工图平面整体表示方法制图规则和构造详图（现浇混凝土框架、剪力墙、梁、板）11G101-1.

［3］ 混凝土结构施工图平面整体表示方法制图规则和构造详图（现浇混凝土板式楼梯）11G101-2.

［4］ 混凝土结构施工图平面整体表示方法制图规则和构造详图（独立基础、条形基础、筏形基础及桩基承台）11G101-3.

［5］ 混凝土结构施工图平面整体表示方法制图规则和构造详图（混凝土框架、剪力墙、框架剪力墙、框支剪力墙结构）03G101-1.

［6］ 混凝土结构施工图平面整体表示方法制图规则和构造详图（现浇混凝土板式楼梯）03G101-2.

［7］ 混凝土结构施工图平面整体表示方法制图规则和构造详图（筏形基础）04G101-3.

［8］ 混凝土结构施工图平面整体表示方法制图规则和构造详图（现浇混凝土楼面与屋面板）04G101-4.

［9］ 混凝土结构施工图平面整体表示方法制图规则和构造详图（箱形基础和地下室结构）08G101-5.

［10］ 混凝土结构施工图平面整体表示方法制图规则和构造详图（独立基础、条形基础、桩基承台）06G101-6.

［11］ 混凝土结构施工钢筋排布规则与构造详图（现浇混凝土框架、剪力墙、框架-剪力墙）06G901-1.

［12］ 08G101-11、G101 系列图集施工常见问题答疑图解.

［13］ 陈青来. 钢筋混凝土结构平法设计与施工规则. 北京：中国建筑工业出版社，2007.

［14］ 王文栋. 混凝土结构构造手册. 第 3 版. 北京：中国建筑工业出版社，2003.